基础力学课程规范化练习丛书

工程力学规范化练习

（第2版）

冯立富　主编

西安交通大学出版社
·西安·

内容简介

本书是根据工科院校工程力学课程教学的实际需要编写的，旨在规范课程练习，帮助学生深刻理解课程内容，熟练掌握工程力学解题的基本方法，方便学生完成作业和教师批改作业。

本书的主要内容包括：工程力学的基本概念，受力图，平面力系和空间力系的简化与平衡，杆件的轴向拉压、剪切、扭转和弯曲等四种基本变形，应力、应变分析，强度理论，组合变形，压杆稳定。

本书可作工科院校本科各类专业工程力学课程配套教材使用，也可供大专各类专业的学生使用，还可供力学教师参考。

图书在版编目(CIP)数据

工程力学规范化练习/冯立富主编；解敏等编.—2版.
—西安：西安交通大学出版社，2014.7(2019.3重印)
ISBN 978-7-5605-6045-8

Ⅰ.①工… Ⅱ.①冯… ②解… Ⅲ.①工程力学-高等学校-习题集 Ⅳ.①TB12-44

中国版本图书馆CIP数据核字(2014)第038792号

书　　名 工程力学规范化练习(第2版)
主　　编 冯立富
责任编辑 田　华

出版发行 西安交通大学出版社
(西安市兴庆南路10号　邮政编码710049)
网　　址 http://www.xjtupress.com
电　　话 (029)82668357　82667874(发行中心)
(029)82668315(总编办)
传　　真 (029)82668280
印　　刷 陕西金德佳印务有限公司

开　　本 787mm×1092mm　1/16　**印张** 6　**字数** 138千字
版次印次 2014年7月第2版　2019年3月第4次印刷
书　　号 ISBN 978-7-5605-6045-8
定　　价 13.80元

读者购书、书店添货、如发现印装质量问题，请与本社发行中心联系、调换。
订购热线：(029)82665248　(029)82665249
投稿热线：(029)82664954
读者信箱：jdlgy@yahoo.cn

再版前言

工程力学是将理论力学和材料力学这两门课程的主要经典内容，与工程实际需要相结合而形成的一门高等工科学校的课程。

2003 年 4 月出版的《工程力学规范化练习》(第 1 版)是根据上世纪 80 年代以来高等工科学校的教学需要，在广泛征求广大力学教师意见的基础上，由陕西省力学学会教育工作委员会组织编写的。本书第 1 版出版 11 年来，对帮助学生全面深刻地理解工程力学的基本概念、基本理论，熟练掌握应用基本理论分析求解力学问题的基本思路和方法，节省学生完成作业时抄题和画图的时间；对方便教师给学生选留作业题和批改作业，规范学生完成综合练习题的程式、最低数量和题型，以及帮助学生全面系统而有重点地复习课程内容，保证工程力学的教学质量，发挥了较好的作用，受到了广大教师和学生的欢迎。

在这次修订中，我们主要是根据国家标准(GB 3100—3102—93)《量和单位》以及全国高等学校教学研究中心印发的《力学量符号用法》的要求，对有关的力学量名称和符号作了进一步的规范，同时调整和增加了部分概念题和综合练习题。

参加这次修订工作的有(按姓氏笔划为序)：王谨(陕西理工学院)、王霞(西安工业大学)、李颖(空军工程大学)、吴守军(西北农林科技大学)、岳成章(西安思源学院)、贾坤荣(西安工程大学)、郭空明(西安电子科技大学)和解敏(西安理工大学)，由冯立富担任主编并统稿。

由于我们水平所限，书中难免还会有疏误和不妥之处，恳请广大读者批评指正。

编　者

2014 年 5 月

第1版前言

根据教育部"深化教学改革，提高教学质量"的精神和工科院校基础力学课程教学的实际需要，为了帮助学生全面深刻地理解基础力学课程的基本概念、基本理论，熟练掌握应用基本理论分析求解力学问题的基本思路与方法，节省学生抄题和画图的时间；为了方便教师给学生选留作业题和批改作业，规范学生完成综合练习题的程式、最低数量和题型，保证基础力学课程的教学质量，在反复征求广大力学教师意见的基础上，经过陕西省力学学会教育工作委员会研究决定，组织编写一套"基础力学课程规范化练习"丛书，《工程力学规范化练习》是其中的一本。

本书适用于因学时偏少，因而理论力学和材料力学不宜单独设课的各类专业。

本书内容不仅涵盖了工程力学课程的所有知识点，而且特别注意突出工程力学课程教学基本要求的重点和难点，因此也是一本学生进行系统复习的理想参考书。

为了满足教学需要，我们为本书编写了详细题解，另行出版。愿该题解能对读者的学习有较大的帮助。

参加本书编写工作的有(按姓氏笔画排序)：冯立富(空军工程大学)、刘永寿(西北工业大学)、刘协会(西安理工大学)、李三庆(西安工业学院)、李德吾(西安工程科技学院)、岳成章(西安思源学院)、赵雁(武警工程学院)、侯东生(陕西科技大学)、阎宁霞(西北农林科技大学)。由冯立富、刘协会担任主编并统稿。

由于我们水平有限，加之时间仓促，书中会有不少缺点和错误，热诚欢迎广大读者批评指正。

陕西省力学学会教育工作委员会

2003年4月

目　录

1　静力学公理·受力图

1.1　【是非题】若物体相对于地面保持静止或匀速直线运动状态，则物体处于平衡。（　　）

1.2　【是非题】作用在同一刚体上的两个力，使刚体处于平衡的必要和充分条件是：这两个力大小相等、方向相反、沿同一条直线。（　　）

1.3　【是非题】静力学公理中，二力平衡公理和加减平衡力系公理适用于刚体。（　　）

1.4　【是非题】静力学公理中，作用力与反作用力公理和力的平行四边形公理适用于任何物体。（　　）

1.5　【是非题】二力构件是指两端用铰链连接并且只受两个力作用的构件。（　　）

1.6　【选择题】刚体受三力作用而处于平衡状态，则此三力的作用线（　　）。

A. 必汇交于一点　　B. 必互相平行

C. 必都为零　　D. 必位于同一平面内

1.7　【选择题】如果力 $\boldsymbol{F}_R$ 是 $\boldsymbol{F}_1$、$\boldsymbol{F}_2$ 二力的合力，用矢量方程表示为 $\boldsymbol{F}_R=\boldsymbol{F}_1+\boldsymbol{F}_2$，则三力大小之间的关系为（　　）。

A. 必有 $F_R=F_1+F_2$　　B. 不可能有 $F_R=F_1+F_2$

C. 必有 $F_R>F_1$，$F_R>F_2$　　D. 可能有 $F_R<F_1$，$F_R<F_2$

1.8　【填空题】作用在刚体上的力可沿其作用线任意移动，而＿＿＿＿＿力对刚体的作用效果。所以，在静力学中，力是＿＿＿＿＿＿＿矢量。

1.9　【填空题】力对物体的作用效应一般分为＿＿＿＿＿效应和＿＿＿＿＿＿效应。

1.10　【填空题】对非自由体的运动所预加的限制条件称为＿＿＿＿＿＿＿；约束力的方向总是与约束所能阻止的物体的运动趋势的方向＿＿＿＿＿＿＿＿；约束力由＿＿＿＿力引起，且随＿＿＿＿＿＿＿力的改变而改变。

1.11　【填空题】画出下列各物体的受力图。凡未特别注明者，物体的自重均不计，且所有的接触面都是光滑的。

(1)

题 1.11 图

(2)

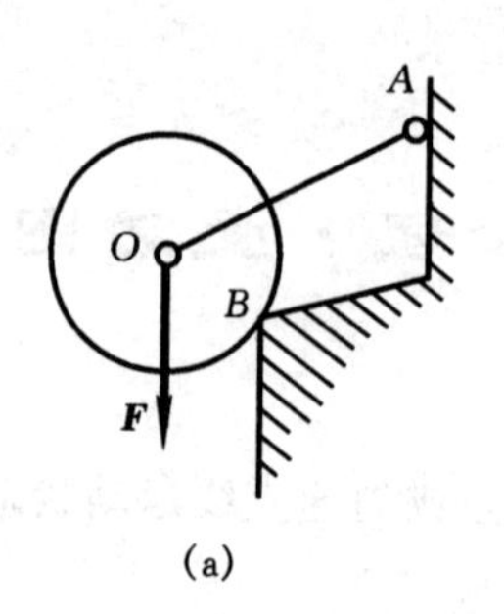

(a)

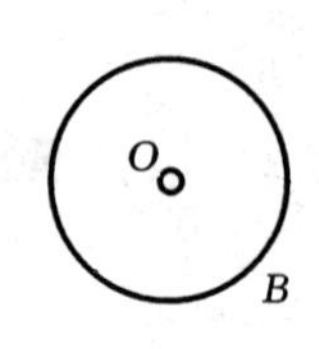

(b)

(3)

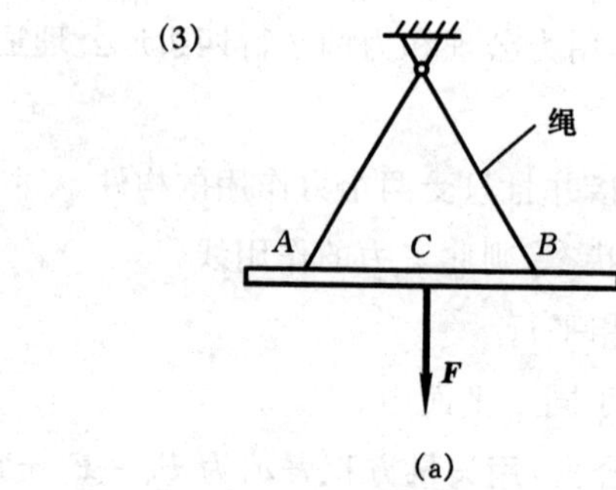

(a)

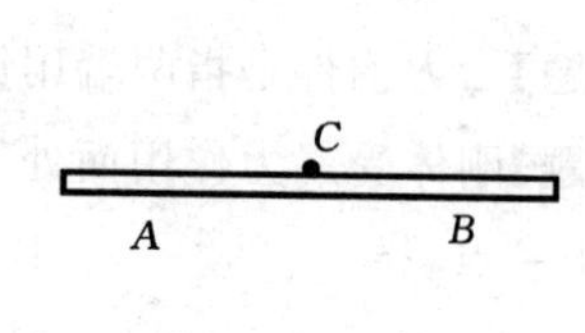

(b)

(4)

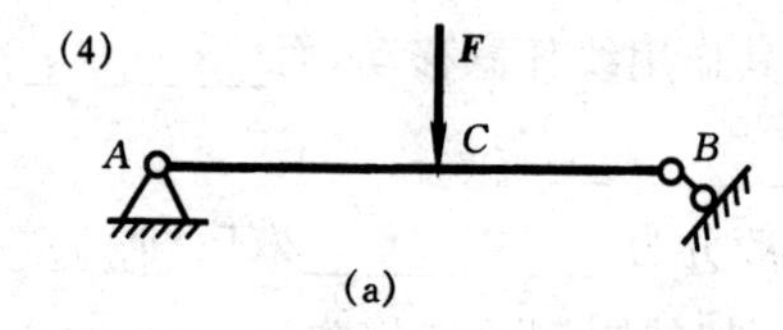

(a)

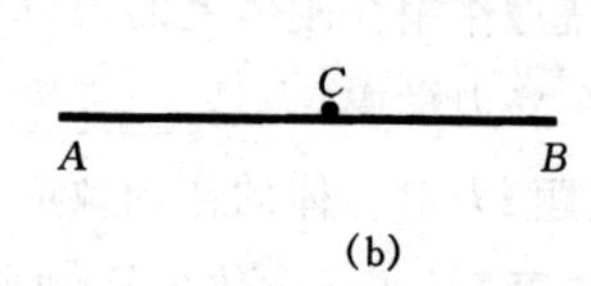

(b)

(5)

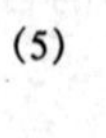
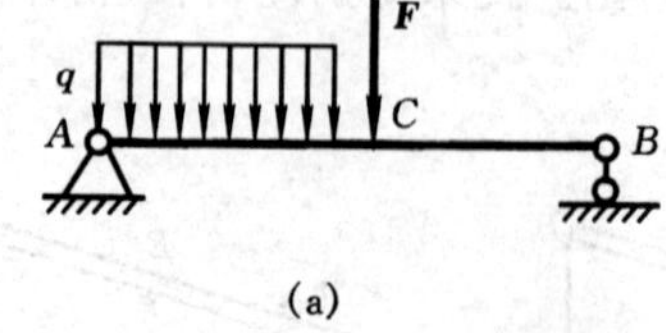

(a)

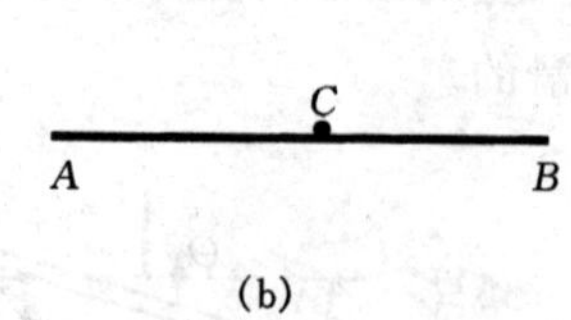

(b)

题 1.11 图(续)

1.12 【填空题】画出下列各图中指定物体的受力图。各构件的自重不计，且所有的接触面都是光滑的。

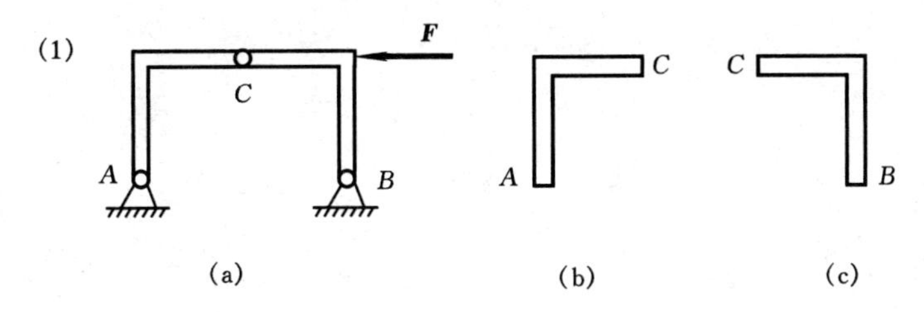

题 1.12 图

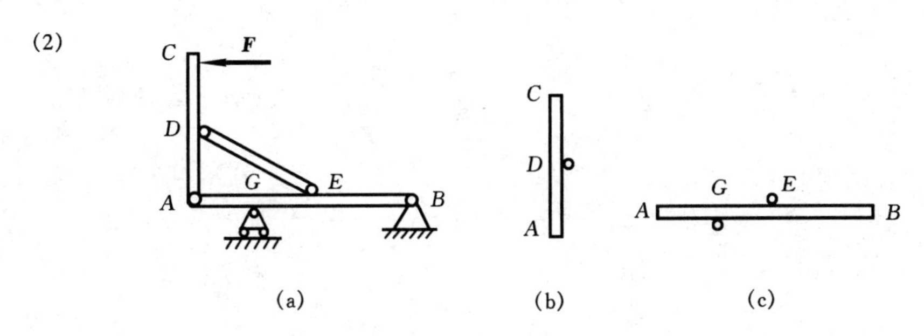

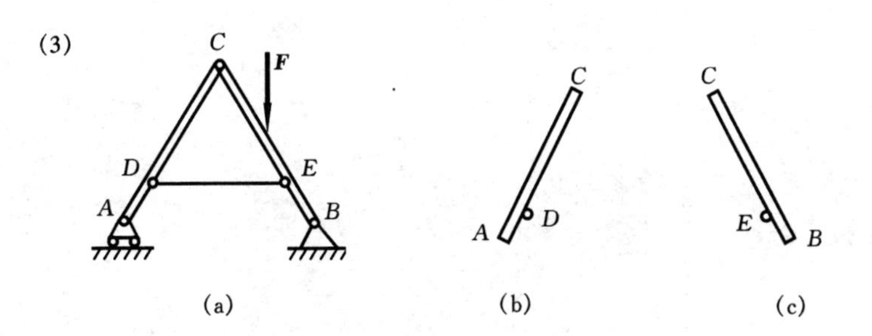

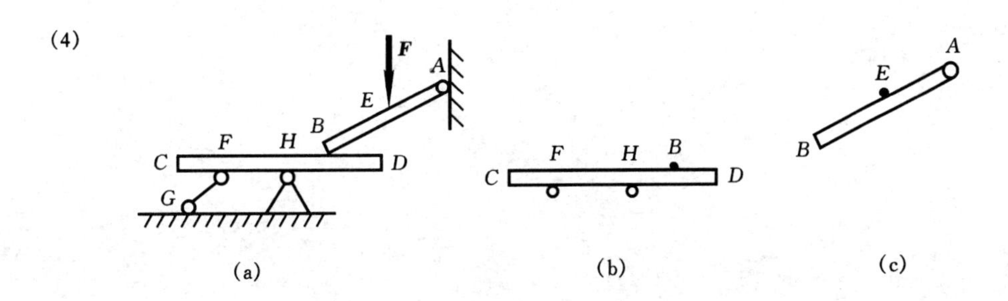

题 1.12 图(续)

2 平面力系

2.1 【是非题】构成力偶的两个力 $\boldsymbol{F}=-\boldsymbol{F}'$，所以力偶的合力等于零。 （　　）

2.2 【是非题】已知一刚体在五个力作用下处于平衡，若其中四个力的作用线汇交于 O 点，则第五个力的作用线必过 O 点。 （　　）

2.3 【是非题】图示平面平衡系统中，若不计定滑轮和细绳的重量，且忽略摩擦，则可以说作用在轮上的矩为 M 的力偶与重物的重力 $\boldsymbol{F}$ 相平衡。 （　　）

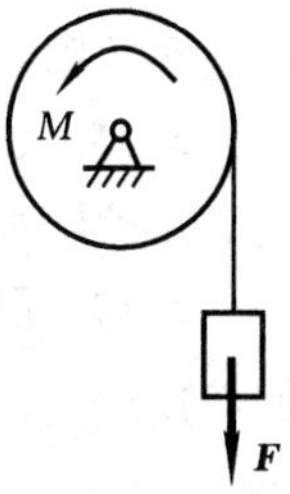

题 2.3 图

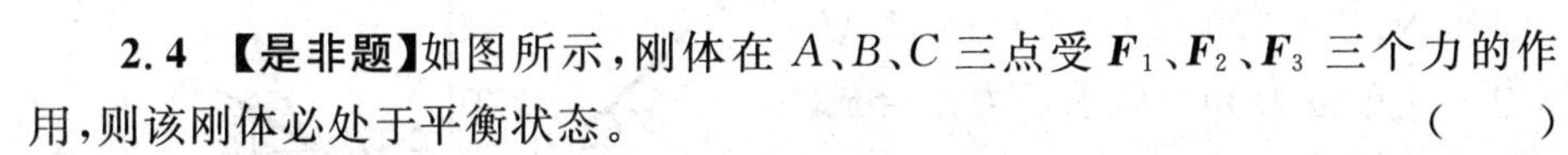

2.4 【是非题】如图所示，刚体在 A、B、C 三点受 $\boldsymbol{F}_1$、$\boldsymbol{F}_2$、$\boldsymbol{F}_3$ 三个力的作用，则该刚体必处于平衡状态。 （　　）

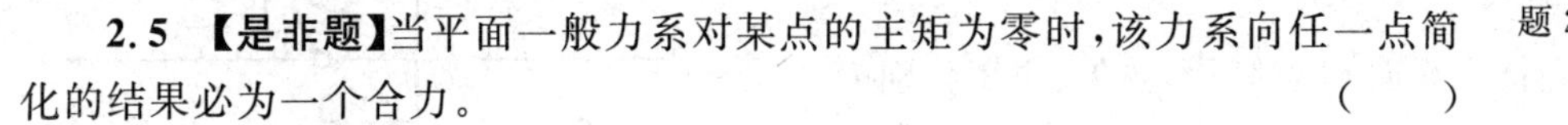

2.5 【是非题】当平面一般力系对某点的主矩为零时，该力系向任一点简化的结果必为一个合力。 （　　）

2.6 【选择题】力偶对物体产生的运动效应为（　　）。

A. 只能使物体转动

B. 只能使物体移动

C. 既能使物体转动，又能使物体移动

D. 它与力对物体产生的运动效应有时相同，有时不同

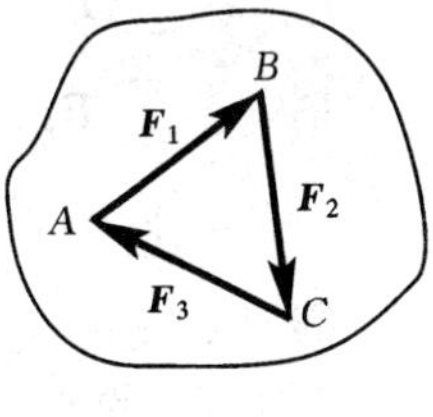

题 2.4 图

2.7 【选择题】已知 $\boldsymbol{F}_1$、$\boldsymbol{F}_2$、$\boldsymbol{F}_3$、$\boldsymbol{F}_4$ 为作用于刚体上的平面汇交力系，其力矢关系如图所示，由此可知（　　）。

A. 该力系的合力 $\boldsymbol{F}_R=0$

B. 该力系的合力 $\boldsymbol{F}_R=\boldsymbol{F}_4$

C. 该力系的合力 $\boldsymbol{F}_R=2\boldsymbol{F}_4$

D. 该力系平衡

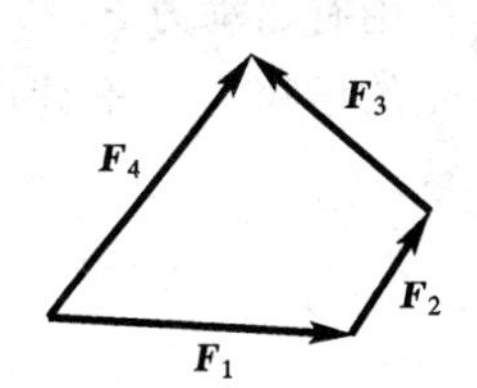

题 2.7 图

2.8 【选择题】图中画出的五个力偶共面，试问在图(b)、(c)、(d)、(e)中，哪个图所示的力偶与图(a)所示的力偶等效（　　）。

A. 图(b)　　B. 图(c)　　C. 图(d)　　D. 图(e)

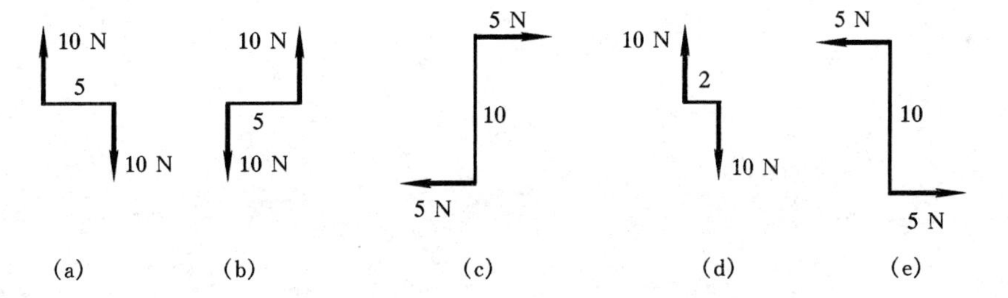

题 2.8 图

2.9　【选择题】作用在刚体上的力是(　　)，力偶矩是(　　)，力系的主矢是(　　)。

A. 滑动矢量　　B. 固定矢量　　C. 自由矢量　　D. 标量

2.10　【填空题】平面内两个力偶等效的条件是这两个力偶的____________________________；平面力偶系平衡的充要条件是____________________________。

2.11　【填空题】平面汇交力系平衡的几何条件是____________________________；平衡的解析条件是____________________________。

2.12　【填空题】平面一般力系平衡方程的二矩式是____________________________，应满足的附加条件是____________________________。

2.13　【填空题】平面一般力系平衡方程的三矩式是____________________________，应满足的附加条件是____________________________。

2.14　【引导题】平面任意力系各力作用线位置如图所示，且 $F_1=130\ \mathrm{N}$，$F_2=100\sqrt{2}\ \mathrm{N}$，$F_3=50\ \mathrm{N}$，$M=500\ \mathrm{N\cdot m}$。图中尺寸单位为 m。试求该力系合成的最后结果。

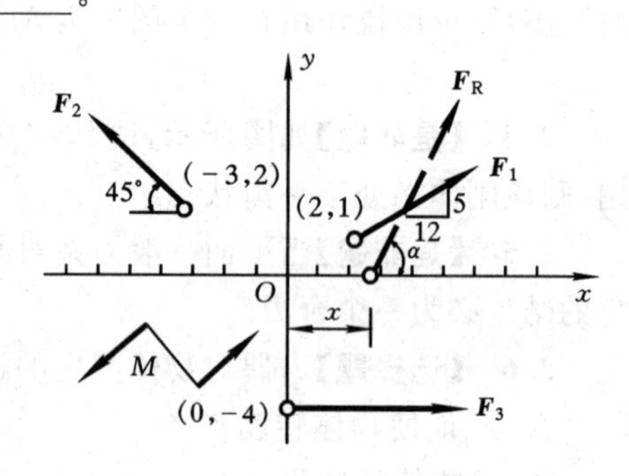

题 2.14 图

解　先将力系向 O 点简化，主矢、主矩分别为

$F'_{Rx}=\sum F_x=$ ____________

$F'_{Ry}=\sum F_y=$ ____________

$M_O=\sum M_O(\boldsymbol{F})=$ ____________

则力系的合力 $\boldsymbol{F}_R=$ ____________

合力 $\boldsymbol{F}_R$ 的作用线方程为____________。

2.15　压榨机构由 AB、BC 两杆和压块用铰链连接组成，A、C 两铰位于同一水平线上。试求当在 B 处作用有铅垂力 $F=0.3\ \mathrm{kN}$，且 $\alpha=8°$时，被压榨物 D 所受的压榨力。不计压块与支承面间的摩擦及杆的自重。

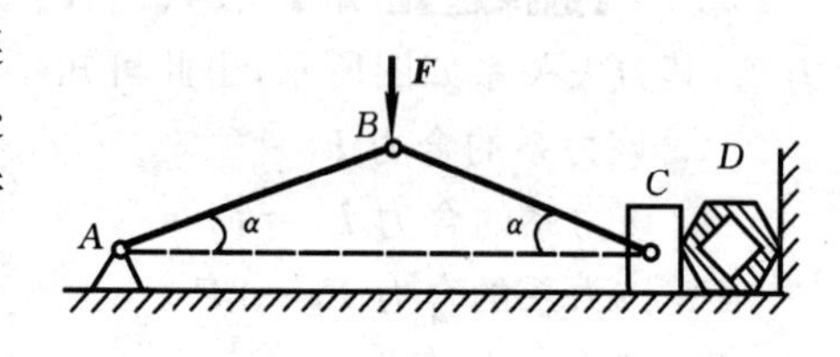

题 2.15 图

2.16 水平圆轮的直径 AD 上作用有垂直于 AD 且大小均为 100 N 的四个力 $\boldsymbol{F}_1$、$\boldsymbol{F}_2$、$\boldsymbol{F}'_1$、$\boldsymbol{F}'_2$，这四个力与 $\boldsymbol{F}_3$、$\boldsymbol{F}'_3$ 平衡，$\boldsymbol{F}_3$、$\boldsymbol{F}'_3$ 分别作用于 E、F 点，且 $\boldsymbol{F}_3=-\boldsymbol{F}'_3$。求力 $\boldsymbol{F}_3$ 的大小。

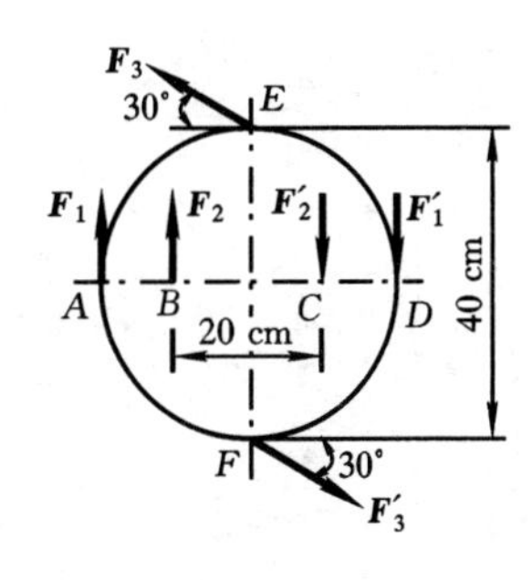

题 2.16 图

2.17　图示平面力系由三个力与两个力偶组成。已知 $F_1=1.5\ \mathrm{kN}$，$F_2=2\ \mathrm{kN}$，$F_3=3\ \mathrm{kN}$，$M_1=100\ \mathrm{N\cdot m}$，$M_2=80\ \mathrm{N\cdot m}$，图中尺寸的单位为 mm。求此力系简化的最后结果。

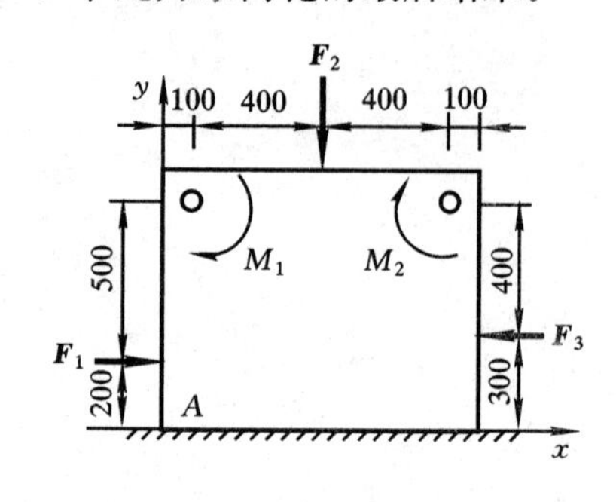

题 2.17 图

2.18　汽车起重机的车重为 $\boldsymbol{F}_{P1}$，平衡配重为 $\boldsymbol{F}_{P2}$，各部分的几何尺寸如图所示。若 $F_{P1}=F_{P2}=20\ \text{kN}$，试求最大的起吊重 F_{P3} 和轮 D、E 间的最小距离。

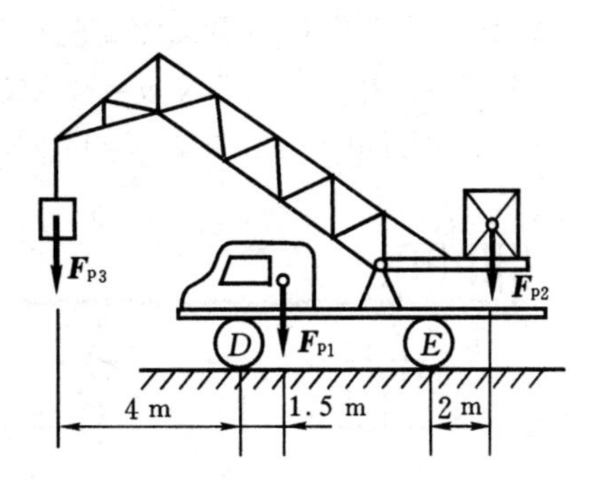

题 2.18 图

2.19　求下列各图中梁的支座约束力。

(1) 图(a)中 $F=20$ kN，$q=20$ kN/m，$M=8$ kN·m，$a=0.8$ m；

(2) 图(b)中 $F=20$ kN，$q=12$ kN/m，$M=8$ kN·m。

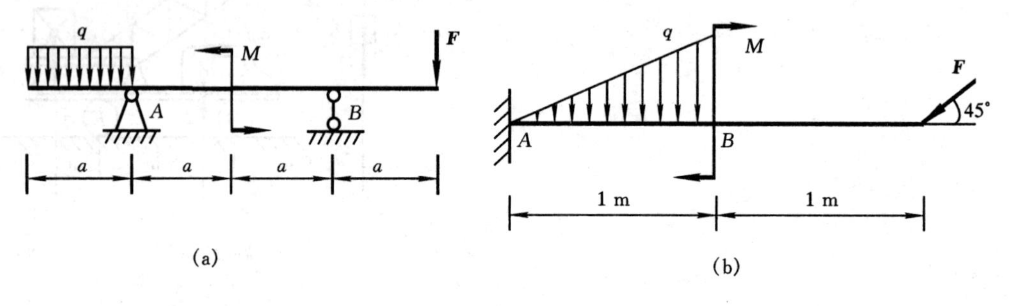

题 2.19 图

3 物系平衡问题

3.1 【填空题】图示的四个平面平衡结构中,属于静定结构的是______,属于超静定结构的是______________。

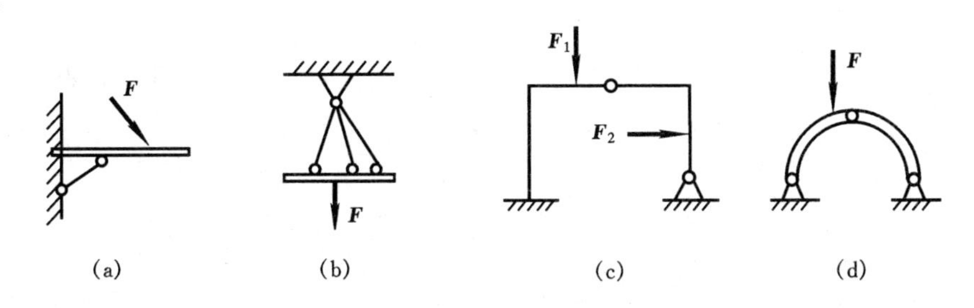

题 3.1 图

3.2 【引导题】水平组合梁由 AC 和 CE 两段在 C 处铰接而成,支承和受力情况如图所示。已知均布载荷的集度 $q=10$ kN/m,转矩 $M=40$ kN · m,$\overline{AB}=\overline{BC}=\overline{CD}=\overline{DE}=2$ m。不计梁的自重,求支座 A、B、E 处的约束力。

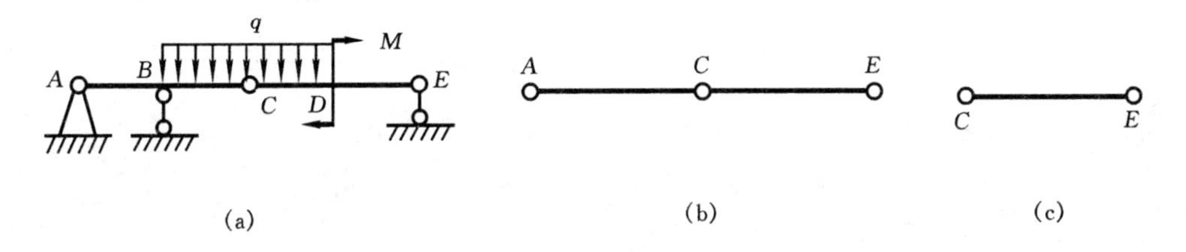

题 3.2 图

解 先取 CE 段梁为研究对象,受力如图(c)所示(将 CE 段的受力分析图画在图(c)上)。根据平面力系的平衡方程,有

$\sum M_C=0$, ______________________________ ①

再取组合梁为研究对象,受力如图(b)所示(将整体的受力分析图画在图(b)上)。根据平面力系的平衡方程,有

$\sum M_A=0$, ______________________________ ②

$\sum F_y=0$, ______________________________ ③

联立 ①②③ 式,即可求得 A、B、E 处的约束力分别为

$F_A=$ __________, $F_B=$ __________, $F_E=$ __________。

3.3　如图所示的平面构架中，A 处为固定端，E 为固定铰链支座，杆 AB、ED 与直角曲杆 BCD 铰接。已知 AB 杆受均布载荷作用，载荷集度为 q，杆 ED 受一矩为 M 的力偶作用。不计杆的自重与摩擦，求 A、E 处的约束力。

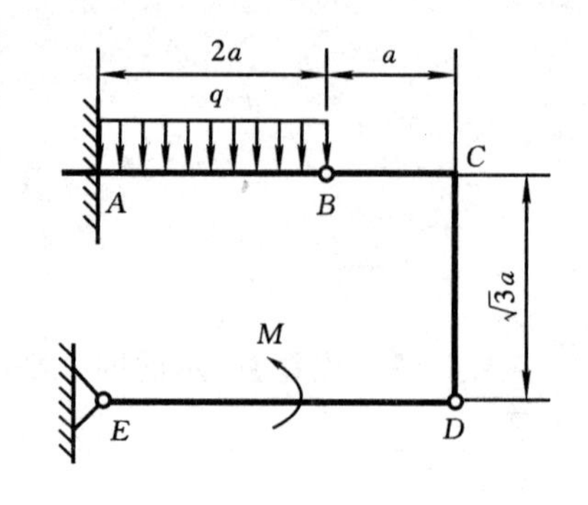

题 3.3 图

3.4　图示支架由两杆 AD、CE 和滑轮组成，B 处铰接，杆 AD 水平。定滑轮的半径 $r=15$ cm，而$\overline{AE}=\overline{AB}=\overline{BD}=1$ m。滑轮上吊有重 $W=1\ 000$ N 的物体，求支座 A 和 E 处的约束力。

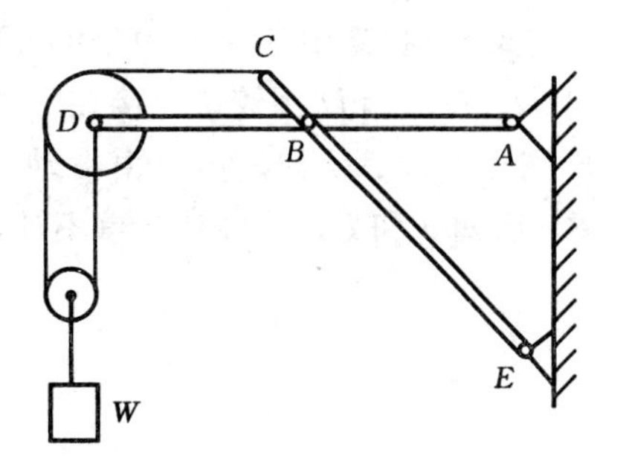

题 3.4 图

3.5　构架由杆 AB、AC 和 DF 组成，尺寸如图示。水平杆 DF 在一端 D 用铰链连接在杆 AB 上，而 DF 中点的销钉 E 则可在杆 AC 的槽内自由滑动。在自由端作用有铅垂力 $\boldsymbol{F}$。已知 a 和 $\boldsymbol{F}$。若各杆自重不计，求 A、B、D 处的约束力。

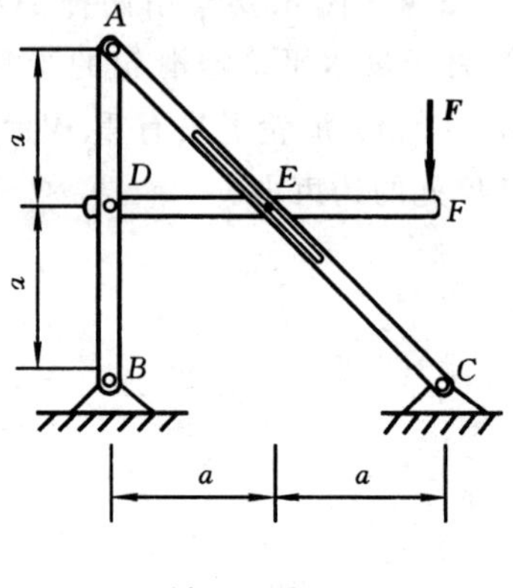

题 3.5 图

3.6　图示平面结构中，$F=10$ kN。不计各杆自重和摩擦，试求杆 BD、CD、CF 的内力。

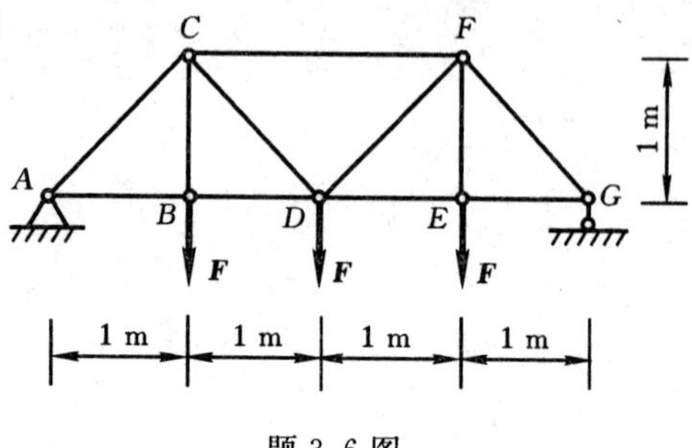

题 3.6 图

4　空间力系

4.1　【选择题】力偶矩矢是（　　）。

A. 固定矢量　　　B. 滑动矢量　　　C. 自由矢量

4.2　【是非题】空间汇交力系不可能简化为合力偶。（　　）

4.3　【是非题】空间平行力系不可能简化为力螺旋。（　　）

4.4　【是非题】空间任意力系向某点 O 简化，主矢 $\boldsymbol{F}'_{\mathrm{R}} \neq 0$，主矩 $\boldsymbol{M}_O \neq 0$，则该力系一定有合力。（　　）

4.5　【是非题】空间力偶的等效条件是力偶矩大小相等和作用面方位相同。（　　）

4.6　【是非题】若空间力系各力的作用线都垂直某固定平面，则其独立的平衡方程最多只有三个。（　　）

4.7　【选择题】如图所示，力 $\boldsymbol{F}$ 作用在长方体的侧平面内。若以 F_x、F_y、F_z 分别表示力 $\boldsymbol{F}$ 在 x、y、z 轴上的投影，以 $M_x(\boldsymbol{F})$、$M_y(\boldsymbol{F})$、$M_z(\boldsymbol{F})$ 表示力 $\boldsymbol{F}$ 对 x、y、z 轴的矩，则以下表述正确的是（　　）。

A. $F_x=0$，$M_x(\boldsymbol{F})\neq 0$

B. $F_y=0$，$M_y(\boldsymbol{F})\neq 0$

C. $F_z=0$，$M_z(\boldsymbol{F})\neq 0$

D. $F_y=0$，$M_y(\boldsymbol{F})=0$

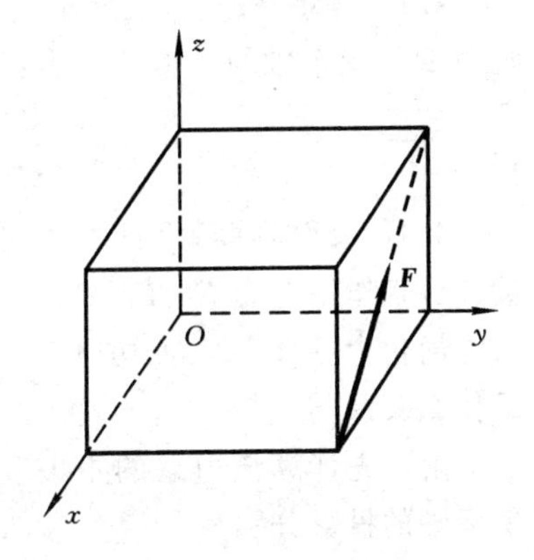

题 4.7 图

4.8　【选择题】如图所示，棱长为 a 的正方体沿棱作用的力组成三个力偶。则下述结论中正确的是（　　）。

A. (a)可能平衡，(b)不可能平衡

B. (a)不可能平衡，(b)可能平衡

C. (a)、(b)都有可能平衡

D. (a)、(b)都不可能平衡

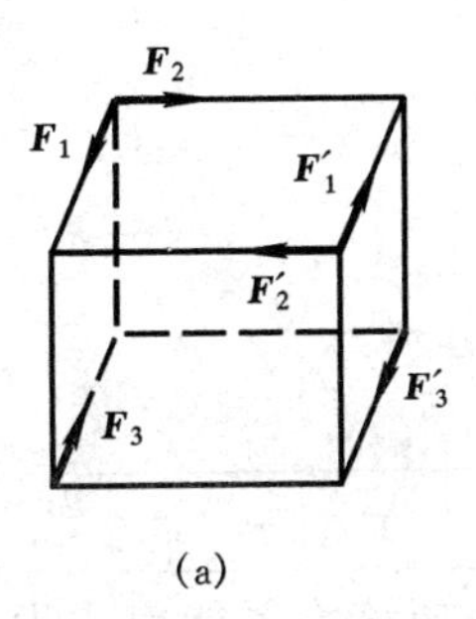

(a)

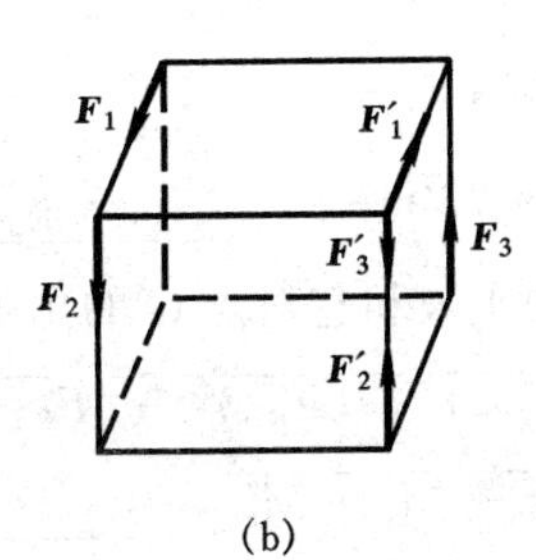

(b)

题 4.8 图

4.9 【选择题】图示正方体的顶角上作用着六个大小相等的力，此力系向 O 点的简化结果是（　　）。

A. 主矢等于零，主矩不等于零　　B. 主矢不等于零，主矩也不等于零

C. 主矢不等于零，主矩等于零　　D. 主矢等于零，主矩也等于零

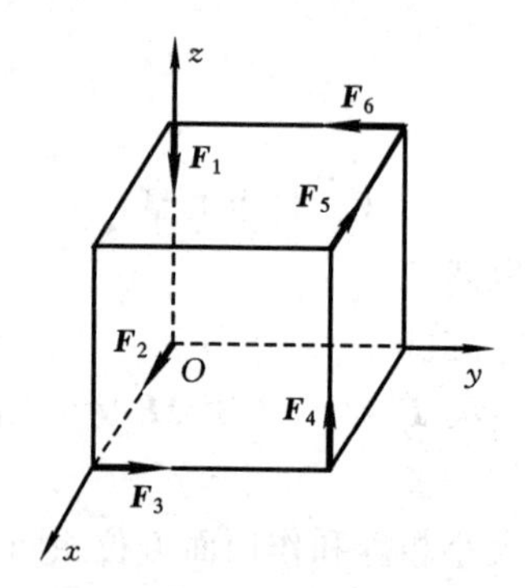

题 4.9 图

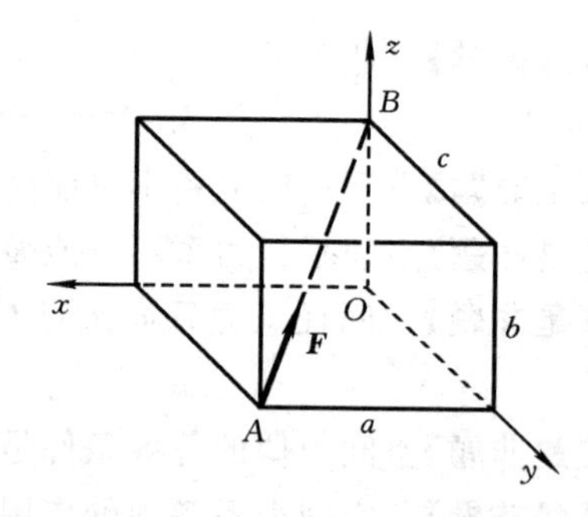

题 4.10 图

4.10 【填空题】如图所示，长方体的边长为 a、b、c，沿长方体对角线 AB 方向作用有力 $\boldsymbol{F}$。则力 $\boldsymbol{F}$ 沿三个轴的投影分别为：$F_x=$＿＿＿＿＿＿，$F_y=$＿＿＿＿＿＿，$F_z=$＿＿＿＿＿＿。力 $\boldsymbol{F}$ 对三个坐标轴的矩分别为：$M_x=$＿＿＿＿＿＿，$M_y=$＿＿＿＿＿＿，$M_z=$＿＿＿＿＿＿。

4.11 【引导题】沿长方体三个互不相交且互不平行的棱边分别作用有力 $\boldsymbol{F}_1$、$\boldsymbol{F}_2$、$\boldsymbol{F}_3$。三力大小均等于 F。当此三力能简化为一合力时，长方体的三棱边长度 a、b、c 之间应满足什么关系？

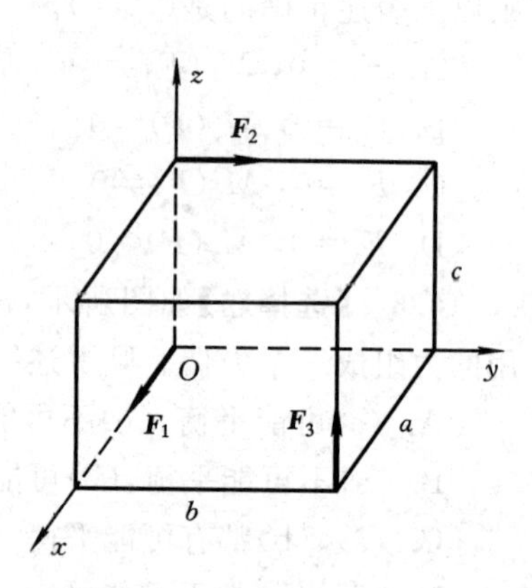

题 4.11 图

解　先计算该力系的主矢和主矩。主矢和主矩在三根坐标轴的投影分别为

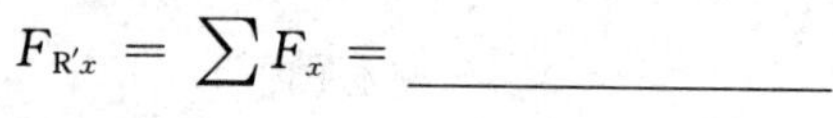

$F_{R'x}=\sum F_x=$＿＿＿＿＿＿

$F_{R'y}=\sum F_y=$＿＿＿＿＿＿

$F_{R'z}=\sum F_z=$＿＿＿＿＿＿

$M_x=\sum M_x(\boldsymbol{F})=$＿＿＿＿＿＿

$M_y=\sum M_y(\boldsymbol{F})=$＿＿＿＿＿＿

$M_z=\sum M_z(\boldsymbol{F})=$＿＿＿＿＿＿

从而得到力系的主矢和它对点 O 的主矩大小分别为

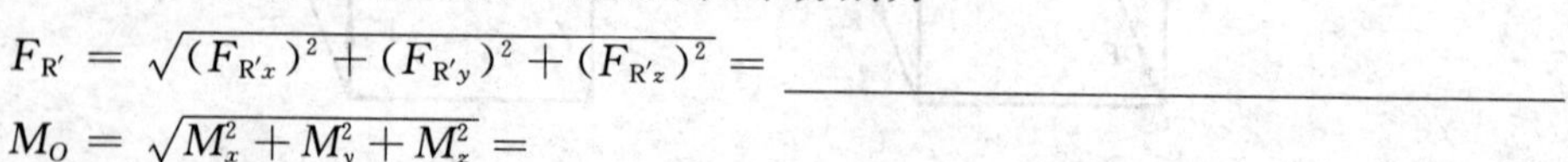

$F_{R'}=\sqrt{(F_{R'x})^2+(F_{R'y})^2+(F_{R'z})^2}=$＿＿＿＿＿＿

$M_O=\sqrt{M_x^2+M_y^2+M_z^2}=$＿＿＿＿＿＿

根据力系简化与合成结果的讨论可知，要使该力系能简化为一合力，则主矢 $\boldsymbol{F}_{R'}$ 与主矩 $\boldsymbol{M}_O$ 必满足关系式＿＿＿＿＿＿，即＿＿＿＿＿＿

由上式可解得＿＿＿＿＿＿

4.12　如图所示，均质矩形板 $ABCD$ 重为 $\boldsymbol{F}$，用球铰链 A 和蝶形铰链 B 固定在墙上，并用绳索 CE 维持在水平位置。已知 $\angle ECA=\angle BAC=\alpha$。试求绳索所受的拉力及 A、B 处的约束力。

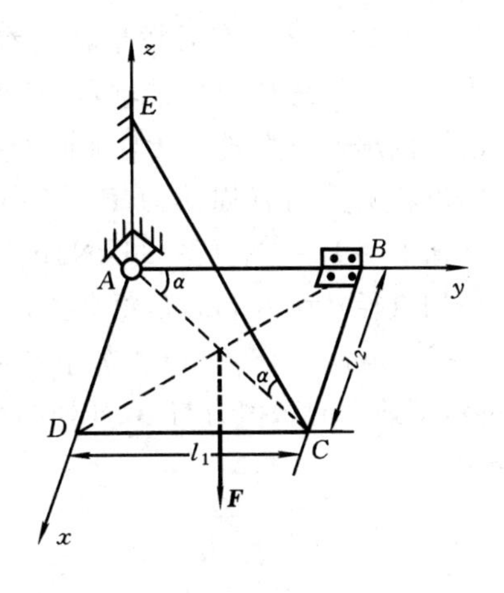

题 4.12 图

4.13　某汽车后桥半轴可看成支承在各桥壳上的简支梁。A 处是径向止推轴承，B 处是径向轴承（如图示）。已知汽车匀速直线行驶时地面的法向约束力 $F_D=20\ \mathrm{kN}$，锥齿轮上受到有周向力 $\boldsymbol{F}_\tau$，径向力 $\boldsymbol{F}_r$，轴向力 $\boldsymbol{F}_a$ 作用。已知 $F_\tau=117\ \mathrm{kN}$，$F_r=36\ \mathrm{kN}$，$F_a=22.5\ \mathrm{kN}$；锥齿轮的节圆平均直径 $d=98\ \mathrm{mm}$，车轮半径 $r=440\ \mathrm{mm}$，$l_1=300\ \mathrm{mm}$，$l_2=900\ \mathrm{mm}$，$l_3=800\ \mathrm{mm}$。如不计各构件自重和轴承处的摩擦，求地面的摩擦力与 A、B 处约束力。

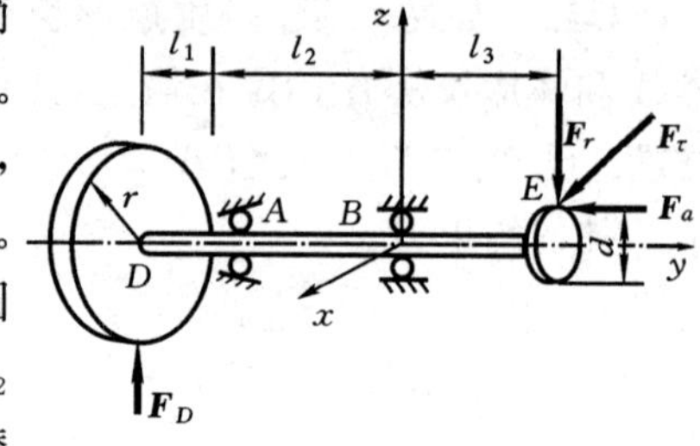

题 4.13 图

5 拉、压杆的内力、应力与强度

5.1 **【是非题】**内力与杆件的强度是密切相关的。 ( )

5.2 **【是非题】**杆件某截面上的内力是该截面上应力的代数和。 ( )

5.3 **【选择题】**关于确定截面内力的截面法的适用范围有下列四种说法，其中正确的说法是( )。

A. 适用于等截面直杆

B. 适用于直杆承受基本变形

C. 适用于不论基本变形还是组合变形，但限于直杆的横截面

D. 适用于不论等截面或变截面，直杆或曲杆，基本变形或组合变形，横截面或任意截面的普遍情况

5.4 **【填空题】**材料的力学性能指标有＿＿＿＿＿＿＿＿＿＿＿＿＿＿＿。

5.5 **【填空题】**截面法的本质是＿＿＿＿＿＿＿＿＿＿＿＿＿＿＿＿＿。截面法的解题步骤为：(1)＿＿＿，(2)＿＿＿，(3)＿＿＿＿。

5.6 试求图示中杆1—1、2—2、3—3截面上的轴力，并作轴力图。

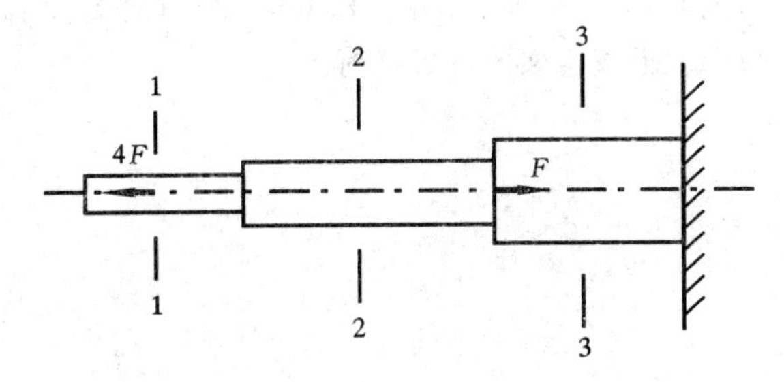

题5.6图

5.7　试求图中杆 1、杆 2 的内力。

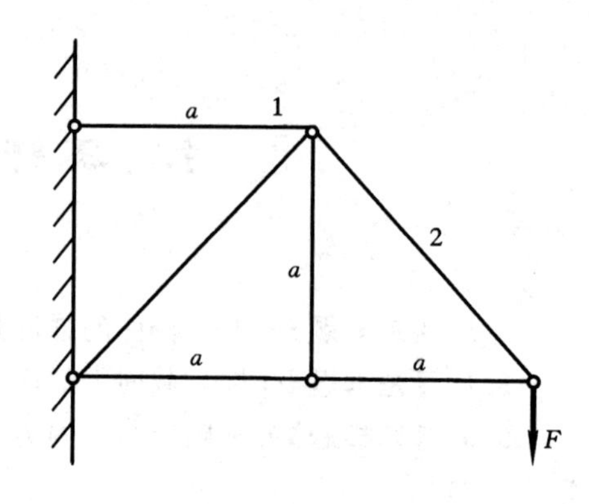

题 5.7 图

5.8　如图所示简单的构架中，AB 杆为钢质，横截面面积 $A_1=20\ \text{cm}^2$，许用应力$[\sigma]_{钢}=120\ \text{MPa}$；$AC$ 杆为铜质，横截面面积 $A_2=12\ \text{cm}^2$，许用应力$[\sigma]_{铜}=60\ \text{MPa}$。求该构架的许可载荷 F。

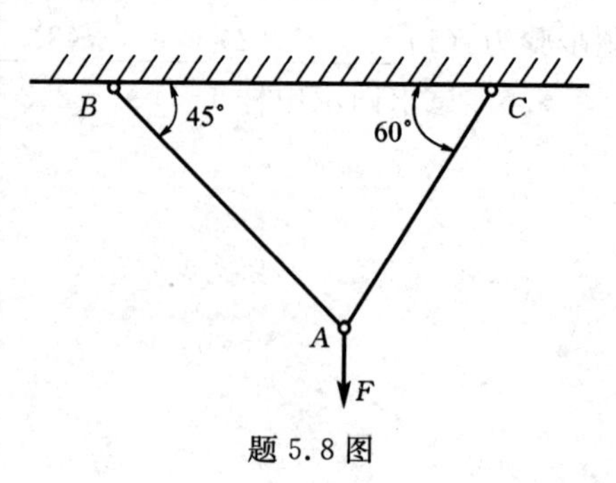

题 5.8 图

5.9 某铣床工作台进给油缸如图所示。缸内工作油压 $p=2$ MPa，油缸内径 $D=75$ mm，活塞杆直径 $d=18$ mm。已知活塞杆材料的许用应力$[\sigma]=50$ MPa，试校核活塞杆的强度。

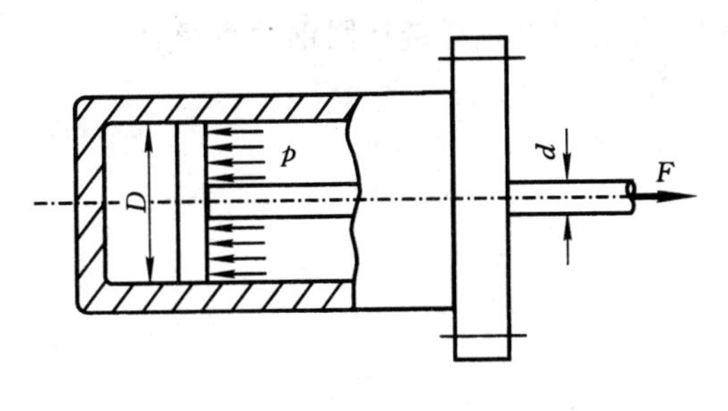

题 5.9 图

5.10　起重链条如图所示，链环由 A3 钢制成，许用应力$[\sigma]=60\ \text{MPa}$。需起吊重为 $W=30.8\ \text{kN}$ 的物体。试根据链环受轴向拉伸部分的强度选择链环圆钢的直径 d。

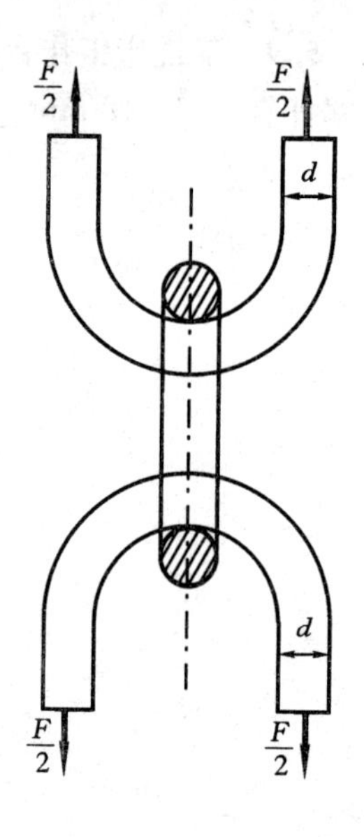

题 5.10 图

6　拉、压杆的变形与静不定问题

6.1　【是非题】若物体产生位移，则必同时产生变形。　　（　　）

6.2　【是非题】若物体各点均无位移，则该物体必定无变形。　　（　　）

6.3　【选择题】延伸率取值为（　　　）的材料称为塑性材料。

A. $\delta>5\%$　　　B. $\delta<5\%$　　　C. $\delta>4\%$

6.4　【填空题】胡克定律的适用范围是＿＿＿＿＿＿＿＿＿＿＿＿＿＿＿＿＿＿＿＿。

6.5　【填空题】解静不定问题时，列补充方程的步骤为：

（1）＿＿＿＿＿＿＿＿＿＿＿＿＿＿；　（2）＿＿＿＿＿＿＿＿＿＿＿＿＿＿；

（3）＿＿＿＿＿＿＿＿＿＿＿＿＿＿。

6.6　阶梯杆受载荷如图所示。AC 段是铜质的，横截面面积 $A_1=20\ \text{cm}^2$，$E_1=100\ \text{GPa}$；CD 段是钢质的，横截面面积 $A_2=10\ \text{cm}^2$，$E_2=200\ \text{GPa}$。试求各段内的变形及杆 AD 的总变形。

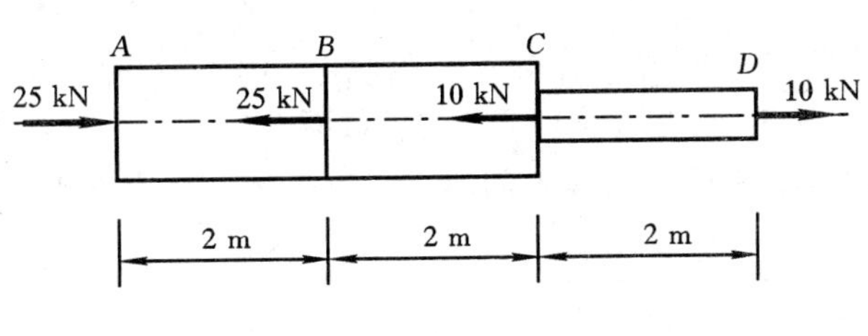

题 6.6 图

6.7　一结构如图所示。杆 AB 的重量和变形可忽略不计。钢杆 1 和 2 的弹性模量 $E=210\ \text{GPa}$。试求刚性杆上 H 点的垂直位移。

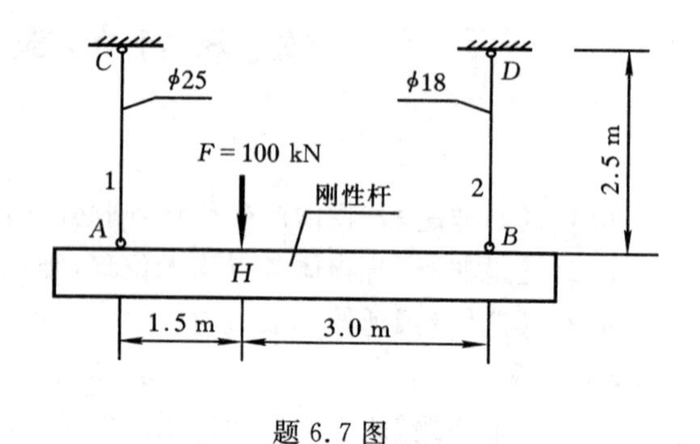

题 6.7 图

6.8　已知等直杆 AB 的横截面面积 $A=10\ \text{cm}^2$，长 $l=50\ \text{cm}$，杆材料的弹性模量 $E=100\ \text{GPa}$，加载 $F=100\ \text{kN}$，间隙 $\delta=0.02\ \text{cm}$。试求支座 A 的约束力 F_A。

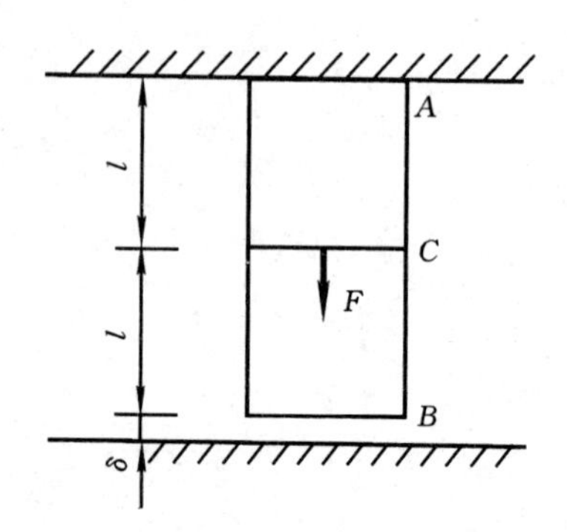

题 6.8 图

6.9　在图示结构中，假设 AC 梁为刚杆，杆 1、杆 2、杆 3 的横截面面积相等，材料相同。试求三根杆的轴力。

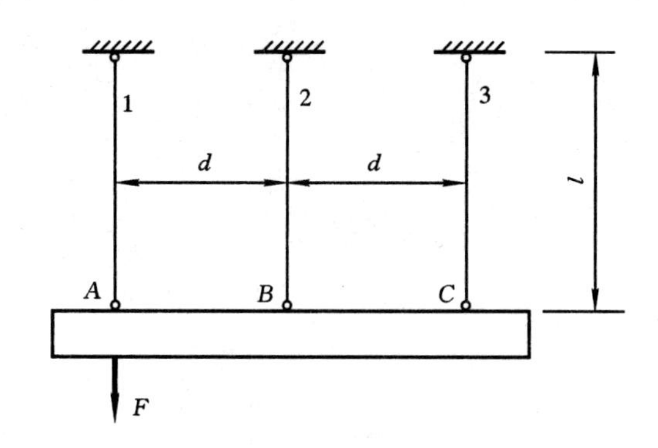

题 6.9 图

6.10 图示三角构架，AB 长 30 mm，AB、AC 均为钢杆，弹性模量 $E=210$ GPa，横截面面积为 $A=5\ \text{cm}^2$，$F=50$ kN。试计算结点 A 的水平位移和垂直位移。

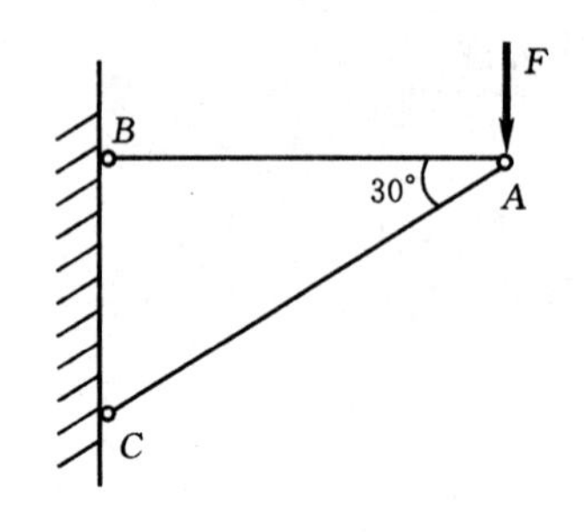

题 6.10 图

7　剪切与挤压

7.1　**【填空题】**图示销钉连接中，$2t_2>t_1$，销钉的切应力 $\tau=$＿＿＿＿，销钉的最大挤压应力 $\sigma_{bs}=$＿＿＿＿。

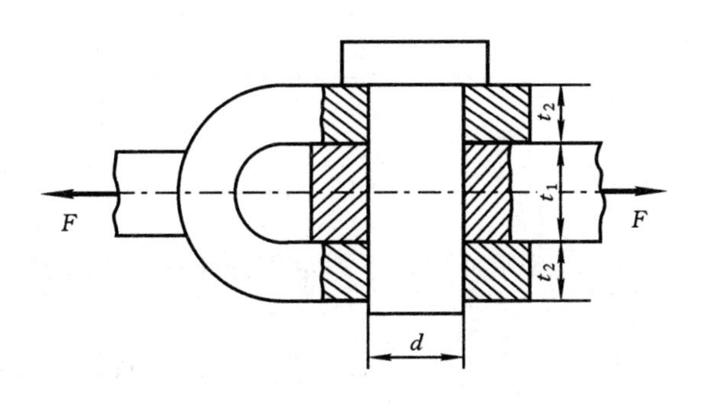

题 7.1 图

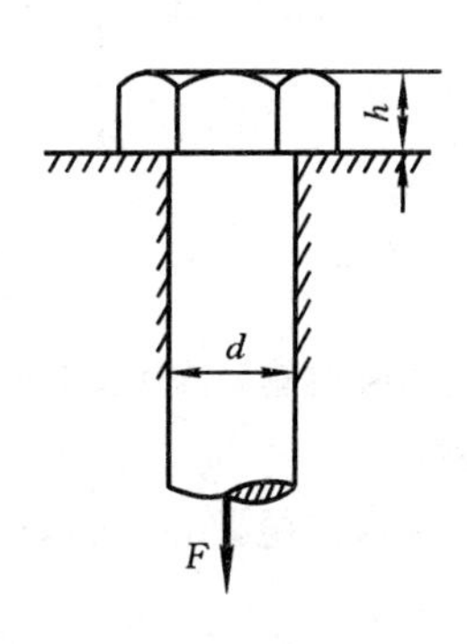

题 7.2 图

7.2　**【填空题】**螺栓受拉力 F 作用，尺寸如图。若螺栓材料的拉伸许用应力为$[\sigma]$，许用切应力为$[\tau]$，按拉伸与剪切等强度设计，螺栓杆直径 d 与螺栓头高度 h 的比值应取 $\dfrac{d}{h}=$＿＿＿＿＿＿。

7.3　**【填空题】**木榫接头尺寸如图示，受轴向拉力 F 作用。接头的剪切面积 $A=$＿＿＿，切应力 $\tau=$＿＿＿；挤压面积 $A_{bs}=$＿＿＿，挤压应力 $\sigma_{bs}=$＿＿＿。

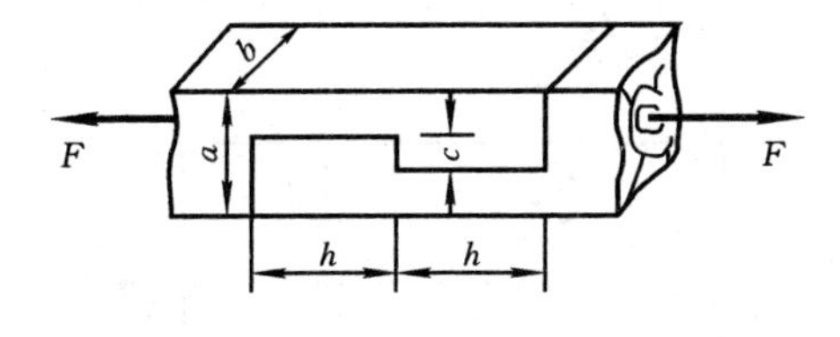

题 7.3 图

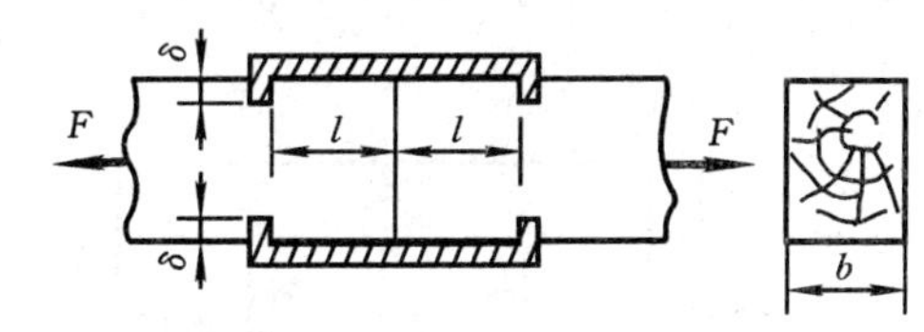

题 7.4 图

7.4　**【填空题】**两矩形截面木杆通过钢连接器连接(如图示)，在轴向力 F 作用下，木杆上下两侧的剪切面积 $A=$＿＿＿；切应力 $\tau=$＿＿＿＿＿；挤压面积$A_{bs}=$＿＿＿＿＿；挤压应力 $\sigma_{bs}=$＿＿。

7.5　**【填空题】**图示两木块胶合在一起，垂直于图纸平面的尺寸为 40 mm，铅垂力 $F=$ 40 kN，胶合面上的切应力 $\tau=$＿＿＿＿＿＿＿＿＿。

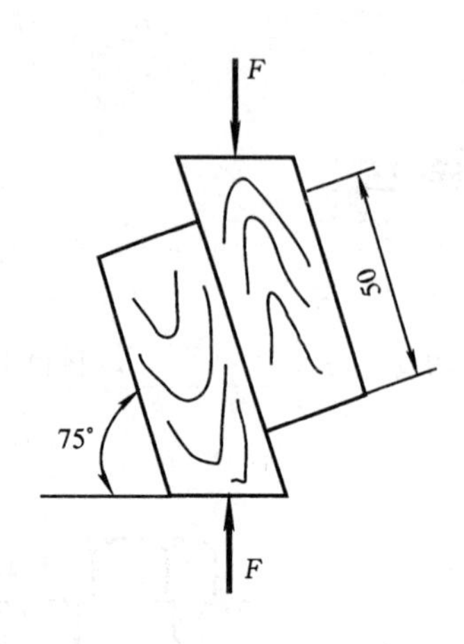

题 7.5 图

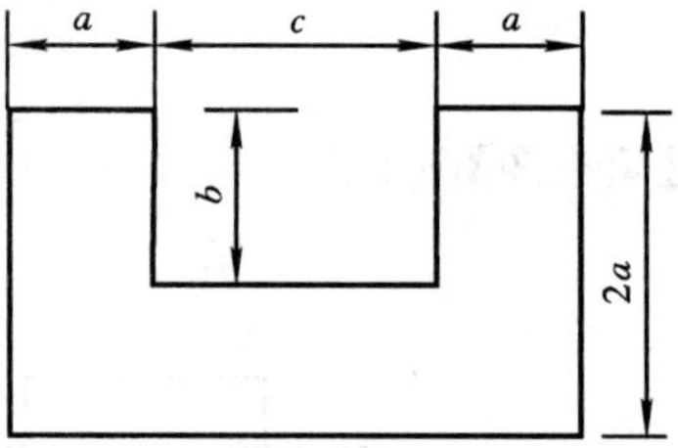

题 7.6 图

7.6　【填空题】钢板厚 t，剪切极限应力为 τ_u，欲用冲床冲下图示零件坯料，冲床的最大冲压力至少应为＿＿＿＿＿＿＿＿＿＿＿＿＿＿。

7.7　【填空题】图示两钢板钢号相同，通过铆钉连接，钉与板的钢号不同。对铆接头的强度计算应包括：＿＿＿＿＿＿＿＿＿＿＿＿＿＿、＿＿＿＿＿＿＿＿＿＿＿＿＿＿、＿＿＿＿＿＿＿＿＿＿＿＿＿＿、＿＿＿＿＿＿＿＿＿＿＿＿＿＿。

若将钉的排列由(a)改为(b)，上述计算中发生改变的是＿＿＿＿＿＿＿＿＿＿＿＿＿＿。对于(a)、(b)两种排列，铆接头能承受较大拉力的是＿＿＿＿。

(建议画板的轴力图分析)

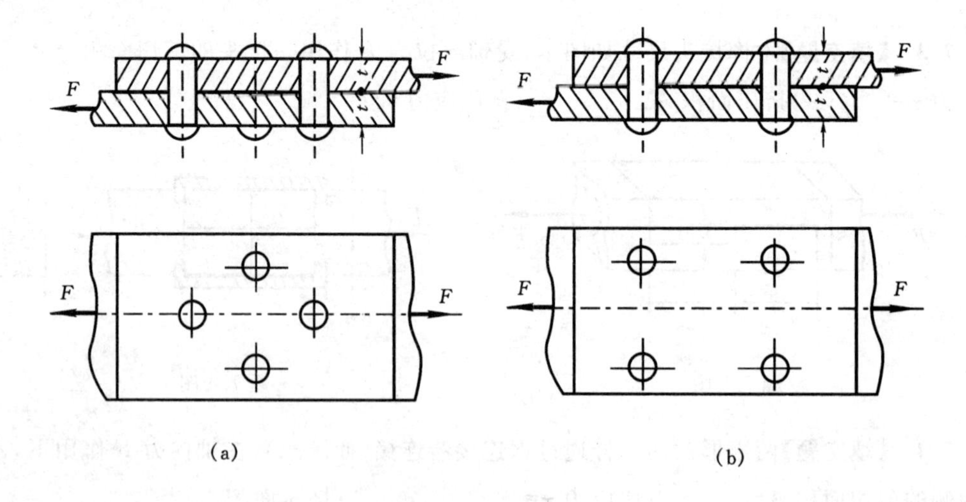

题 7.7 图

7.8 图示胶带轮直径 $D=1$ m，心轴直径 $d=70$ mm，平键尺寸 $b\times h\times l$ 为 20 mm×12 mm×100 mm，胶带拉力 $F_1=8$ kN，$F_2=4$ kN，键的许用切应力$[\tau]=80$ MPa，许用挤压应力$[\sigma_{bs}]=130$ MPa。试校核键的强度。

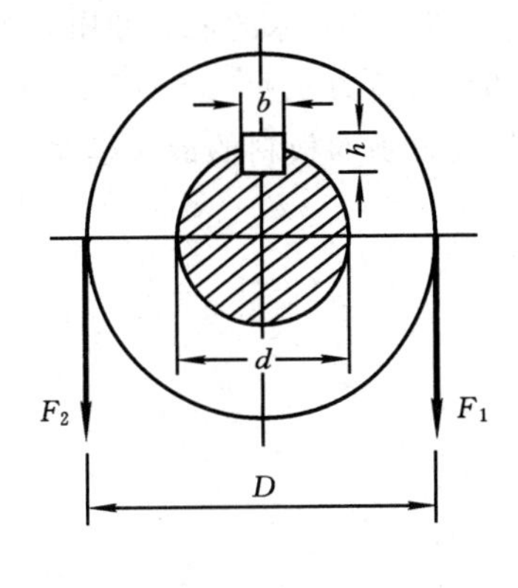

题 7.8 图

7.9　冲床的最大冲压力为 400 kN，冲头材料的许用应力$[\sigma]=440$ MPa，被冲剪板料的剪切极限应力 $\tau_u=360$ MPa。试求在最大冲压力作用下所能冲剪的圆孔的最小直径，以及此时所能冲剪的板料的最大厚度。

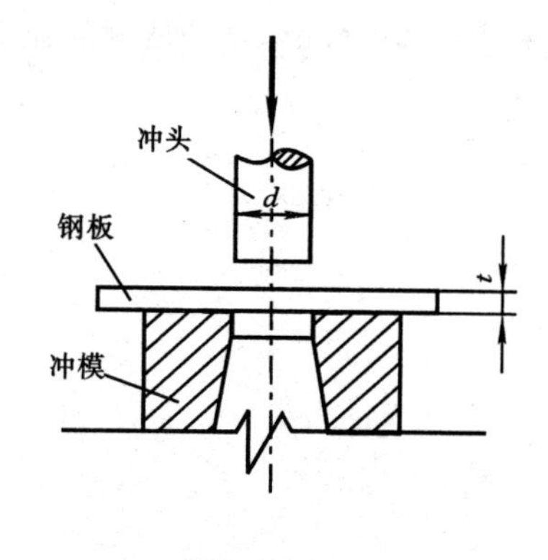

题 7.9 图

7.10 图示承受内压圆筒形容器，筒壁与筒盖之间用角铁和铆钉相连。已知圆筒内径 $D=1\ 000$ mm，内压 $p=1$ MPa，筒壁及角铁均厚 $t=10$ mm，铆钉直径 $d=20$ mm。铆钉的许用切应力$[\tau]=70$ MPa，许用挤压应力$[\sigma_{bs}]=160$ MPa，许用拉应力$[\sigma]=40$ MPa。设连接筒盖和角铁需用 m 个钉，连接筒壁和角铁需用 n 个钉，试求 m 与 n 的数值。

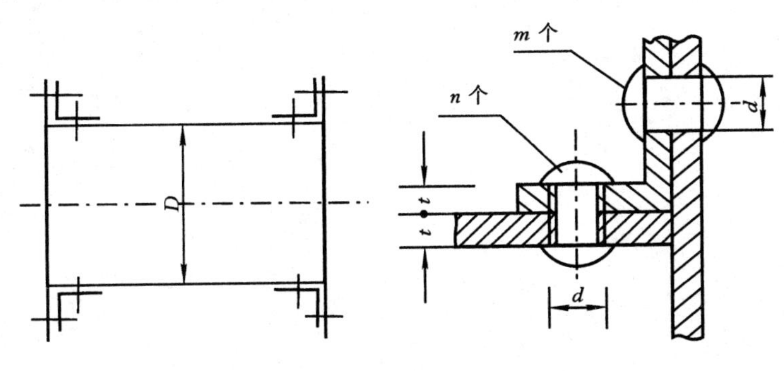

题 7.10 图

8　扭转

8.1　【选择题】在圆轴扭转横截面的应力分析中，材料力学研究横截面变形几何关系时作出的假设是(　　)。

A. 材料均匀性假设

B. 应力与应变成线性关系假设

C. 平面假设

8.2　【选择题】受扭圆轴的扭矩为 T，设 $\tau_{\max} \leqslant \tau_p$，图中所画圆轴扭转时横截面上切应力分布正确的是(　　)图。

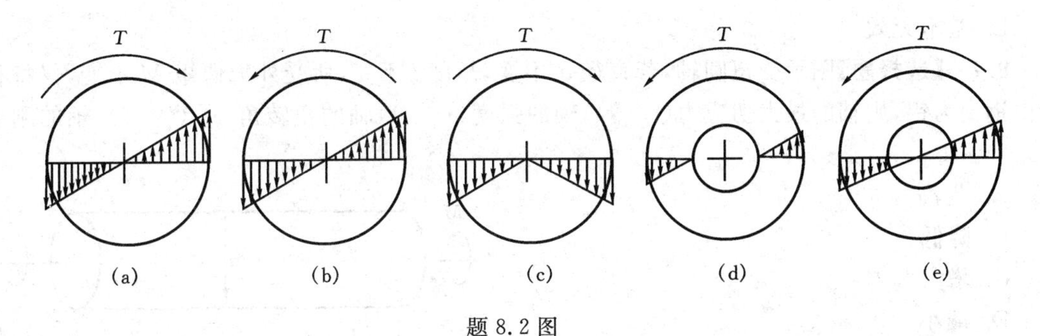

题 8.2 图

8.3　【选择题】传动轴的主动轮和从动轮位置的两种安排如图示。于轴的强度、刚度有利的安排方式是(　　)。

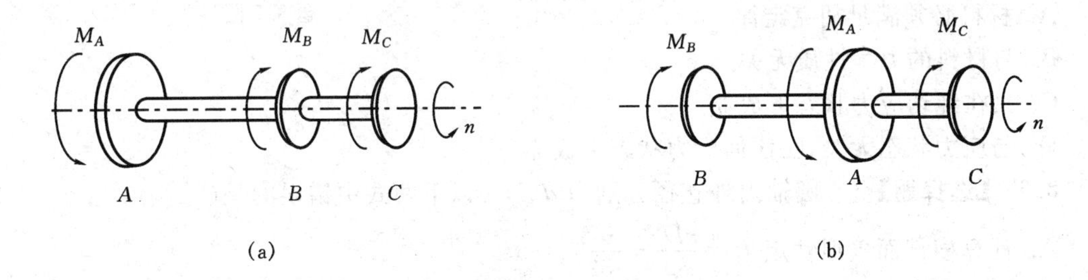

题 8.3 图

8.4　【选择题】变形前，圆轴表面上由间距很近的两条母线与间距很近的两条周向线构成正方形 *abcd*。在图示外力偶作用下发生扭转，在小变形条件下，*abcd* 变成图(　　)虚线所示的形状。

8.5　【选择题】在减速箱中，常看到高速轴的直径(　　)，而低速轴的直径(　　)。

A. 较大　　　　　　　B. 较小

8.6　【选择题】一低碳钢受扭圆轴，其他因素不变，仅将轴的材料换成优质钢(如 45 号

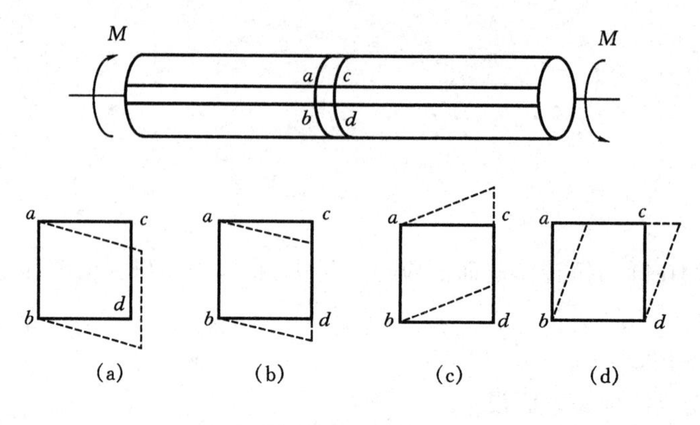

题 8.4 图

钢),这样对于提高轴的强度(　　),对于提高轴的刚度(　　)。

A. 有显著效果

B. 基本无效

8.7　【选择题】图示受扭圆轴,若直径 d 不变,长度 l 不变,所受外力偶矩 M 不变,仅将材料由钢变为铝,则轴的最大切应力(　　),轴的强度(　　),轴的扭转角 φ_{AB}(　　),轴的刚度(　　)。

A. 提高

B. 降低

C. 增大

D. 减小

E. 不变

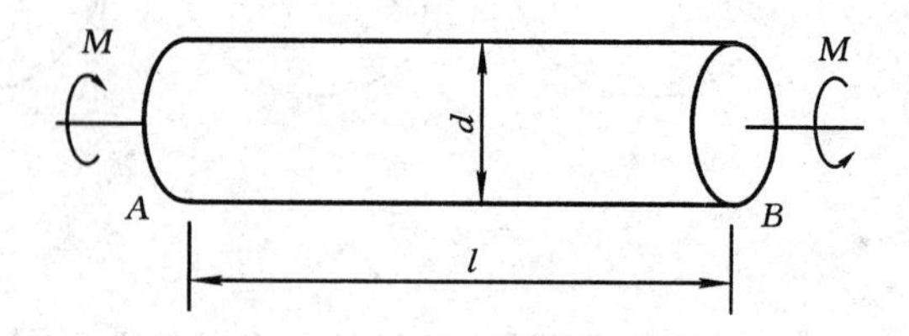

题 8.7 图

8.8　【选择题】关于切应力互等定理适用的条件,以下说法中错误的是(　　)。

A. 材料必须满足胡克定律

B. 与材料的力学性质无关

C. 只在纯切应力状态下成立

D. 与应力状态无关,在任何应力状态下成立

8.9　【选择题】空心圆轴内外直径分别为 d、D。以下两式中错误的是(　　)。

A. 计算横截面极惯性矩 $I_p=\frac{\pi D^4}{32}-\frac{\pi d^4}{32}$

B. 计算横截面抗扭截面系数 $W_p=\frac{\pi D^3}{16}-\frac{\pi d^3}{16}$

8.10　【填空题】如题 8.7 图,若轴的材料不变,外力偶不变,轴的直径变为$\frac{1}{2}d$,同时轴的长度变为 $2l$,则轴的最大切应力是原来的______倍,扭转角 φ_{AB} 是原来的______倍,单位长度扭转角 θ 是原来的______倍。

8.11　【填空题】由低碳钢、木材和灰铸铁三种材料制成的扭转圆轴试件,受扭后破坏现象呈现为:图(b),扭角不大即沿 45°螺旋面断裂;图(c),发生非常大的扭角后沿横截面断开;图(d),表面出现纵向裂纹。据此判断试件的材料为,图(b):__________;图(c):__________,

图(d)：____________。若将一支粉笔扭断，其断口形式应同图______。

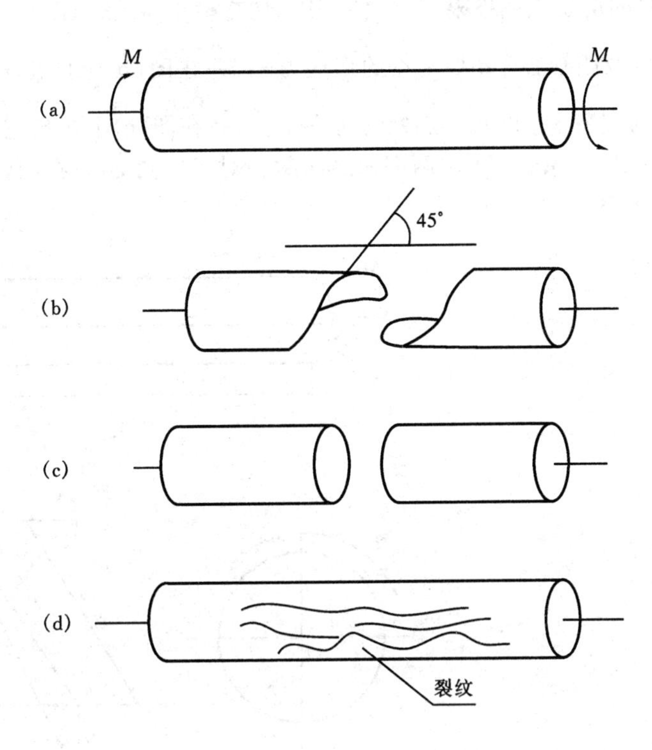

题 8.11 图

8.12 作出图示各杆的扭矩图。

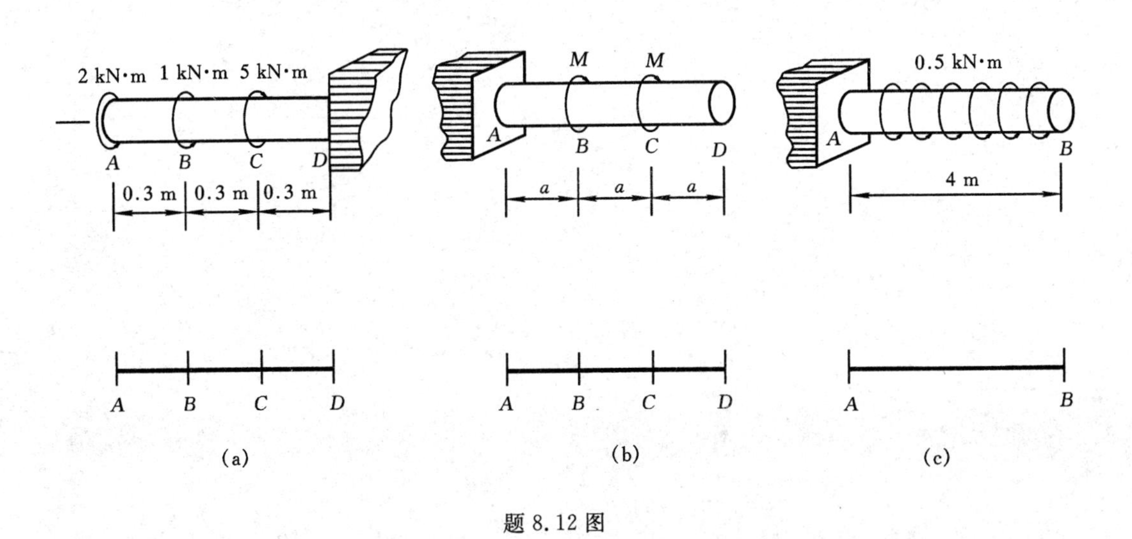

题 8.12 图

8.13 图示钢制圆轴直径 $d=90$ mm，长度 $l=1.5$ m，两端受外力偶矩 $M=3$ kN·m 作用发生扭转变形，材料的剪切比例极限 $\tau_p=140$ MPa，切变模量 $G=80$ GPa。试求：(1) 横截面上的最大切应力 τ_{max} 以及距轴心 $\frac{1}{4}d$ 处 a 点的切应力 τ_a，并在图(b)上画出 τ_a 方向，τ_a 与 τ_{max} 大小关系。(2) 最大切应变 γ_{max} 以及 a 点处的切应变 γ_a，并在图(c)上画出它们发生在哪个平面上以及它们之间的几何关系。(3) 轴两端面之间的相对扭转角 φ，并在图(a)上画出扭转角与切应变之间的几何关系。

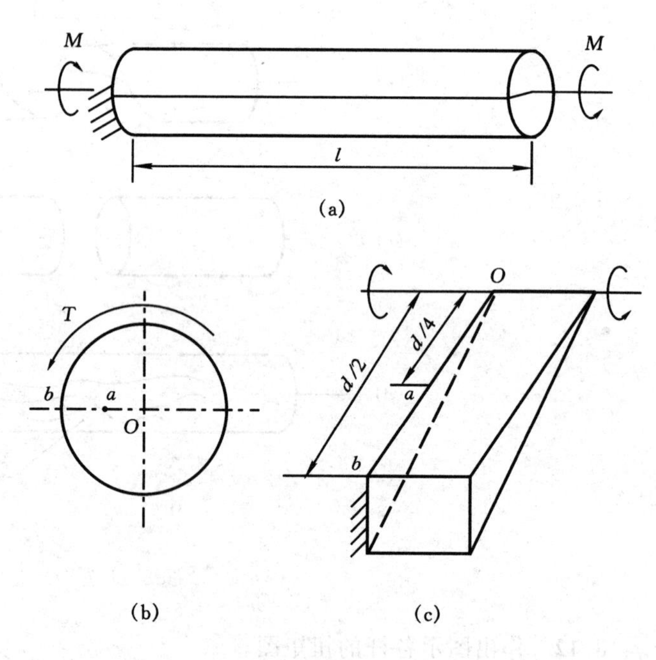

题 8.13 图

8.14　如图示，作用在变截面钢轴上的外力偶矩 $M_1=4.2\ \mathrm{kN\cdot m}$，$M_2=1.2\ \mathrm{kN\cdot m}$。材料的许用切应力$[\tau]=50\ \mathrm{MPa}$，切变模量 $G=80\ \mathrm{GPa}$，轴的几何尺寸 $d_1=80\ \mathrm{mm}$，$d_2=50\ \mathrm{mm}$，$l_1=750\ \mathrm{mm}$，$l_2=500\ \mathrm{mm}$。(1) 作轴的扭矩图；(2)校核轴的强度；(3)求相对扭转角 φ_{AC}。

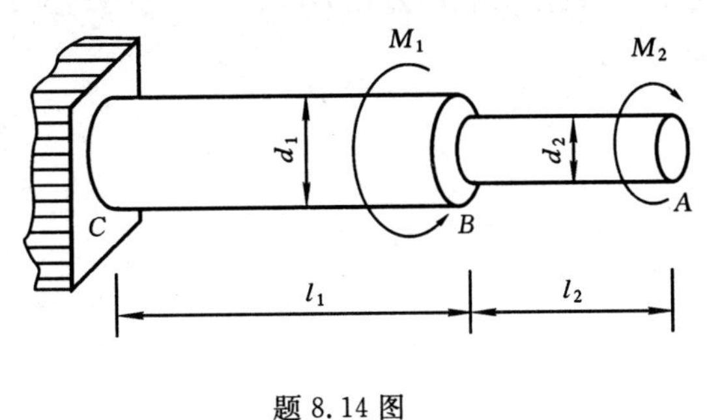

题 8.14 图

8.15　实心轴和空心轴通过牙嵌式离合器连接在一起。已知轴的转速 $n=100\ \mathrm{r/min}$，传递的功率 $P=7.5\ \mathrm{kW}$，材料的许用切应力$[\tau]=40\ \mathrm{MPa}$。试选择实心轴的直径 d_1 和内外直径比 $\alpha=\frac{1}{2}$的空心轴的外径 D_2。

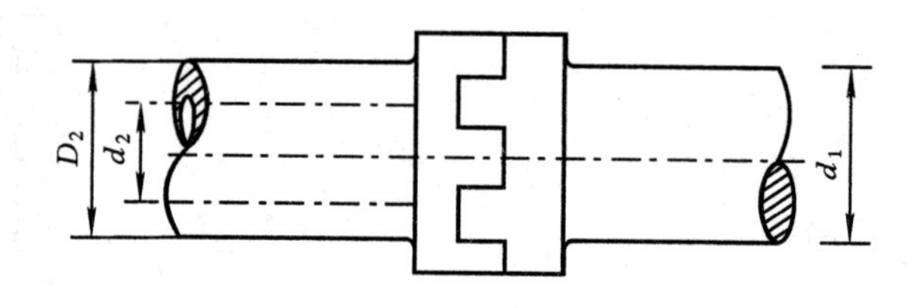

题 8.15 图

8.16 图示钢轴，已知 $M_A=800\ \text{N}\cdot\text{m}$，$M_B=1\ 200\ \text{N}\cdot\text{m}$，$M_C=400\ \text{N}\cdot\text{m}$；$l_1=0.3\ \text{m}$，$l_2=0.7\ \text{m}$，$l_3=0.2\ \text{m}$；材料的许用切应力$[\tau]=50\ \text{MPa}$，切变模量 $G=80\ \text{GPa}$；轴的单位长度扭转角允许值$[\theta]=0.25\ °/\text{m}$。试对轴的直径进行初步设计。

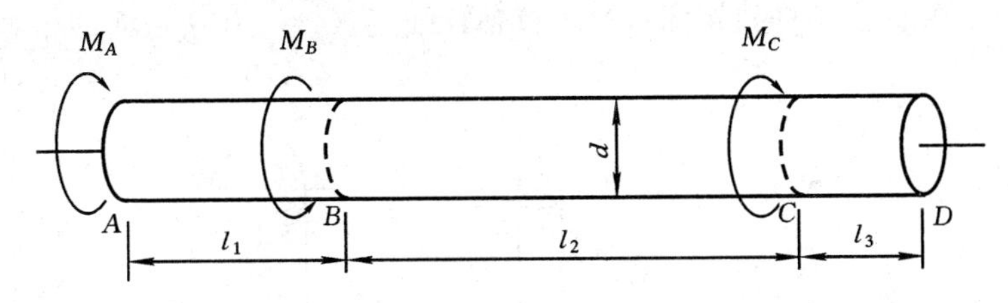

题 8.16 图

8.17　钻探机钻杆的外径 $D=60$ mm，内径 $d=50$ mm，功率 $P=7.355$ kW，转速 $n=180$ r/min，钻杆钻入土层深度 $l=40$ m，材料的切变模量 $G=80$ GPa，许用切应力$[\tau]=40$ MPa，设土壤对钻杆的阻力矩 $\overline{M}$ 沿长度均匀分布。试求：(1)土壤对钻杆的单位长度阻力矩 M；(2)钻杆的扭矩方程 $T=T(x)$，并画出钻杆扭矩图；(3)校核钻杆强度；(4)A、B 两截面的相对扭转角。

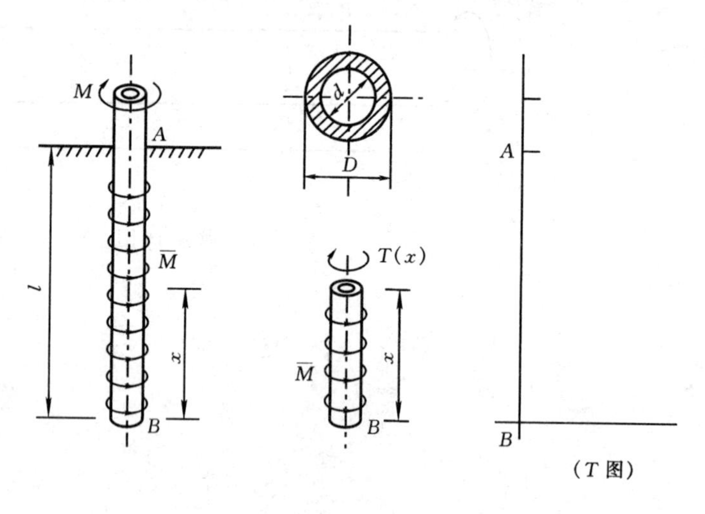

题 8.17 图

9 截面的几何性质

9.1 【是非题】使静矩等于零的轴为对称轴。 （ ）

9.2 【是非题】在正交坐标系中，设平面图形对 y 轴和 z 轴的惯性矩分别为 I_y 和 I_z，则图形对坐标原点的极惯性矩为 $I_p=I_y^2+I_z^2$。 （ ）

9.3 【是非题】若一对正交坐标轴中，有一轴为图形的对称轴，则图形对这对轴的惯性积一定为零。 （ ）

9.4 【是非题】图示正方形截面，因图形只有两对对称轴，所以图形也只有两对形心主惯性轴。 （ ）

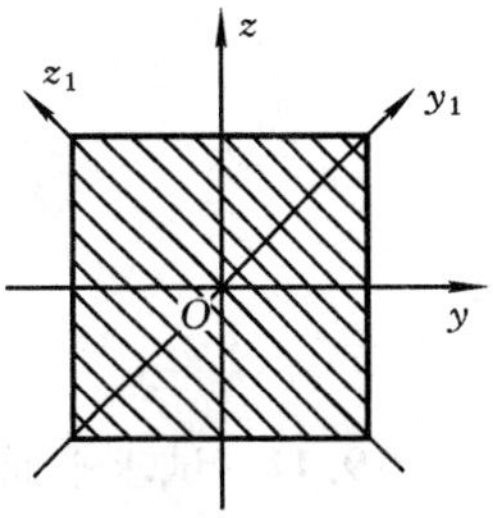

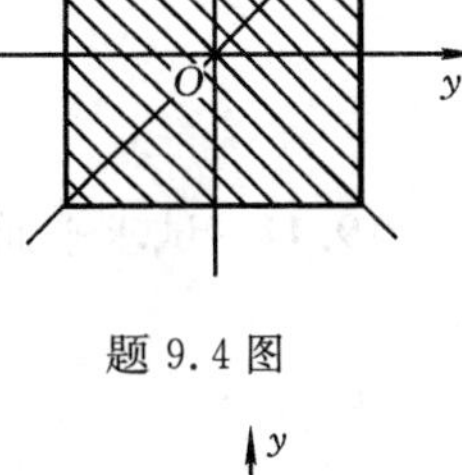

题 9.4 图

9.5 【选择题】图示半圆形，若圆心位于坐标原点，则（ ）。

A. $S_y=S_z, I_y\neq I_z$　　B. $S_y=S_z, I_y=I_z$

C. $S_y\neq S_z, I_y\neq I_z$　　D. $S_y\neq S_z, I_y=I_z$

9.6 【选择题】在题 9.5 图中，若整个圆形对其直径的惯性矩为 I，则半圆形的（ ）。

A. $I_y=\frac{I}{2},\ I_z\neq\frac{I}{2}$　　B. $I_y\neq\frac{I}{2},\ I_z=\frac{I}{2}$

C. $I_y=I_z=\frac{I}{2}$　　D. $I_y\neq\frac{I}{2},\ I_z\neq\frac{I}{2}$

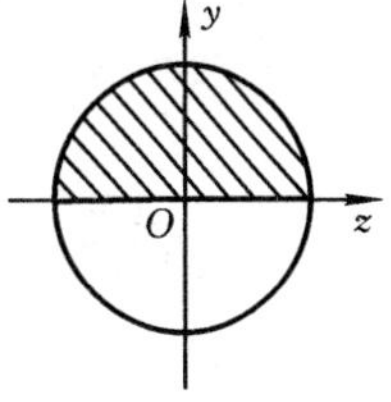

题 9.5 图

9.7 【选择题】设图示截面对 y 轴和 z 轴的惯性矩分别为 I_y 和 I_z，则二者的大小关系是（ ）。

A. $I_y<I_z$　　B. $I_y=I_z$

C. $I_y>I_z$　　D. 不确定

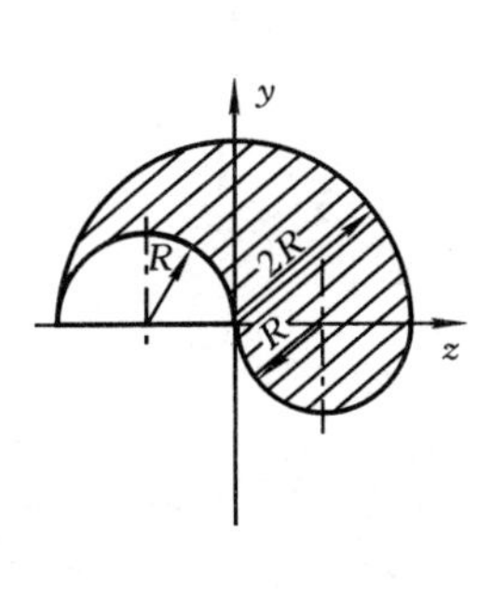

题 9.7 图

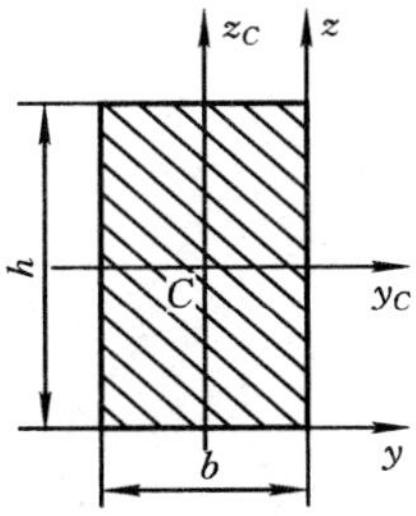

题 9.8 图

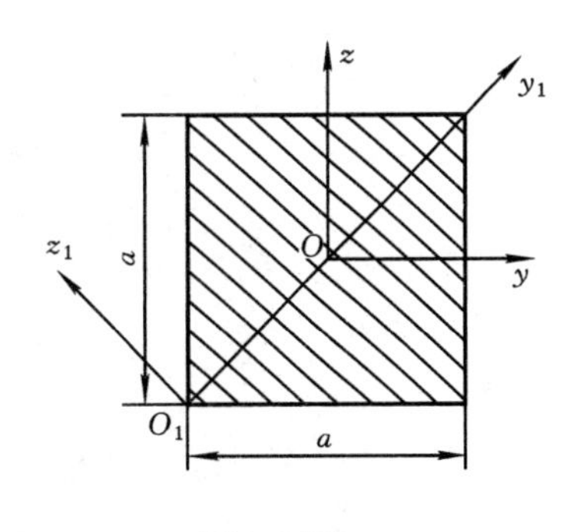

题 9.9 图

9.8 【填空题】图示矩形截面对 y 轴、z 轴的静矩 $S_y=$________；惯性矩 $I_y=$________，$I_z=$________；惯性积 $I_{yz}=$__________。

9.9 【填空题】边长为 a 的正方形对图示坐标轴的轴惯性矩 $I_y=$________，$I_z=$______，$I_{y_1}=$________，$I_{z_1}=$________；惯性积 $I_{yz}=$________，$I_{y_1z_1}=$________。

9.10 试求图示半圆形对 y 轴的静矩、惯性矩和对 y_1 轴的惯性矩。

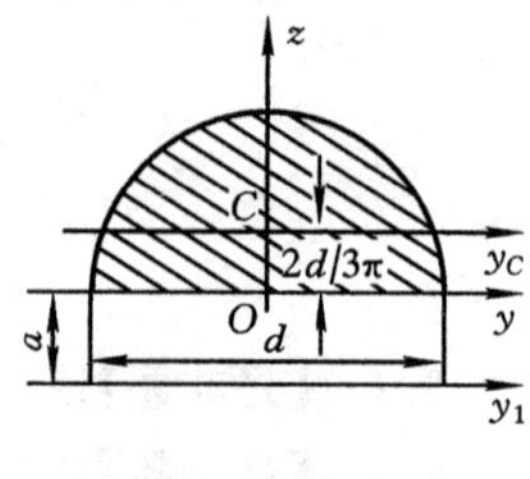

题 9.10 图

9.11 试求平面图形对其形心轴 y、z 的静矩、惯性矩和惯性积。图中尺寸单位为 mm。

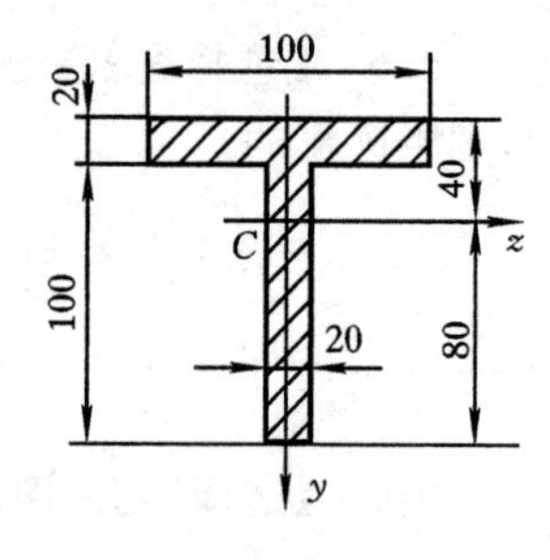

题 9.11 图

10 弯曲内力

10.1 【是非题】平面弯曲变形的特征是，梁在弯曲变形后的轴线与载荷作用面同在一个平面内。 （ ）

10.2 【是非题】若梁在某一段内无载荷作用，则该段内的弯矩图必定是一直线段。 （ ）

10.3 【是非题】若梁的结构对称于跨中截面，而梁上载荷反对称于梁的跨中截面，则剪力图对称于跨中截面，而弯矩图仅对称于跨中截面，且跨中截面上的弯矩为零。 （ ）

10.4 【是非题】简支梁及其承载如图所示，假想沿截面 $m-m$ 将梁截分为二。现有两种说法：(1)取梁左段为研究对象，则该截面上的剪力和弯矩与 q、M 无关；(2)若以梁右段为研究对象，则该截面上的剪力和弯矩与 F 无关。 （ ）

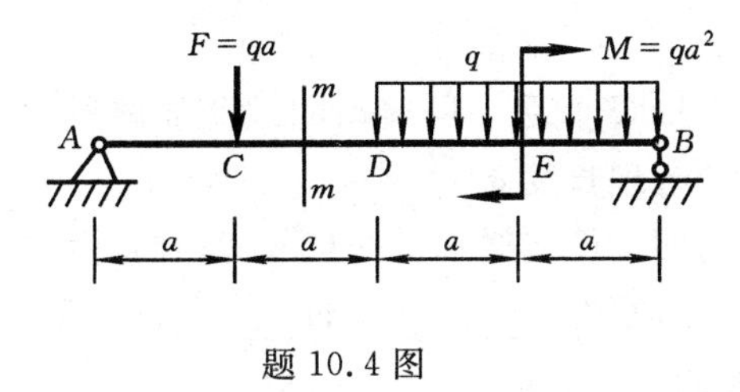

题 10.4 图

10.5 【选择题】在图示四种情况中，截面上弯矩 M 为正，剪力 F_Q 为负的是（ ）。

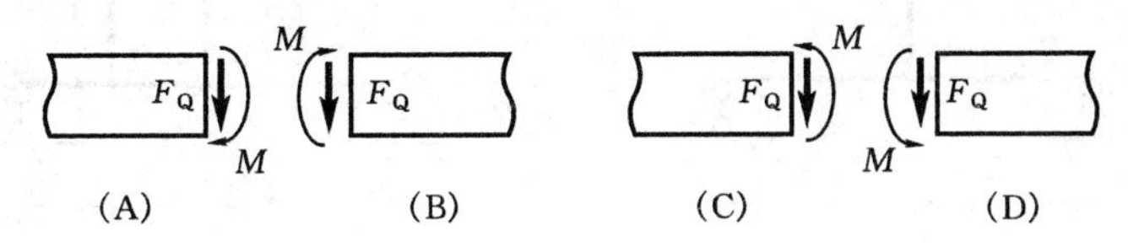

题 10.5 图

10.6 【选择题】在图示梁中，集中力 F 作用在固定于截面 B 的倒 L 刚臂上。梁上最大弯矩 M_{max} 与 C 截面上弯矩 M_C 之间的关系是（ ）。

A. $M_{max}-M_C=Fa$

B. $M_{max}=2M_C$

C. $M_{max}+M_C=Fa$

D. $M_{max}=M_C$

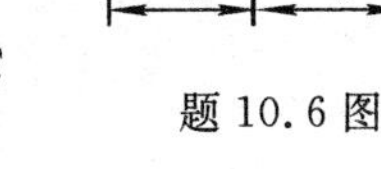

题 10.6 图

10.7 【选择题】在题 10.6 图中，如果使力 F 直接作用在梁的 C 截面上，则梁上 $|M|_{max}$ 与 $|F_Q|_{max}$ 为（ ）。

A. 前者不变，后者改变

B. 两者都改变

C. 前者改变，后者不变

D. 两者都不变

10.8　【选择题】在平面刚架 ABC 中，A 端固定，在其平面内施加图示集中力 F。其 $m-m$ 截面上的内力分量(　　)不为零。

A. M、F_Q、F_N

B. M、F_N

C. M、F_Q

D. F_N、F_Q

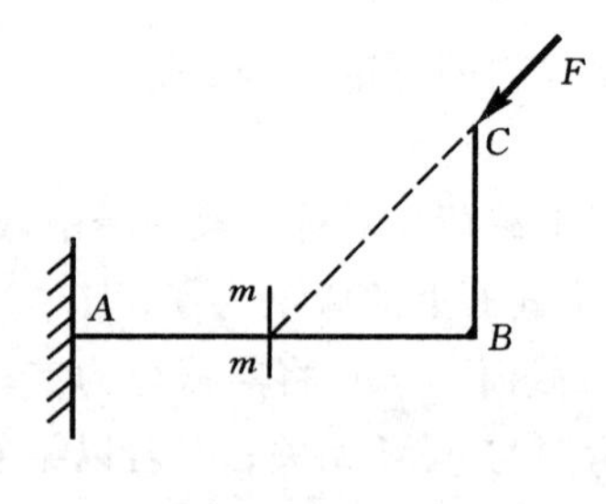

题 10.8 图

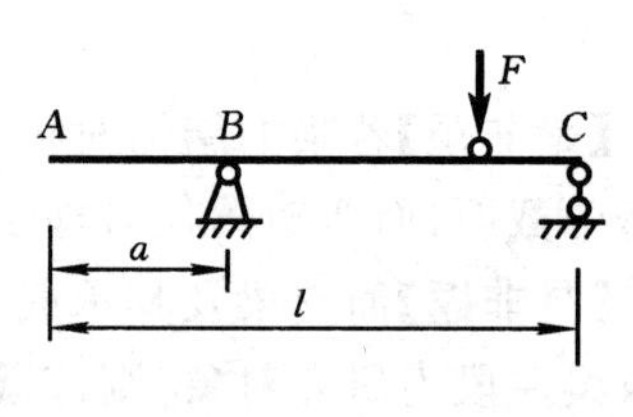

题 10.9 图

10.9　【填空题】外伸梁 ABC 承受一可移动的载荷如图所示。设 F、l 均为已知，为减小梁的最大弯矩值，则外伸段的合理长度 $a=$＿＿＿。

10.10　【填空题】图示的四个简支梁承受的总载荷相同，而载荷的分布情况不同。在这些梁中，最大剪力 $F_{Q\max}=$＿＿＿；发生在＿＿＿梁的＿＿＿截面处；最大弯矩 $M_{\max}=$＿＿＿；发生在＿＿＿梁的＿＿＿截面处。

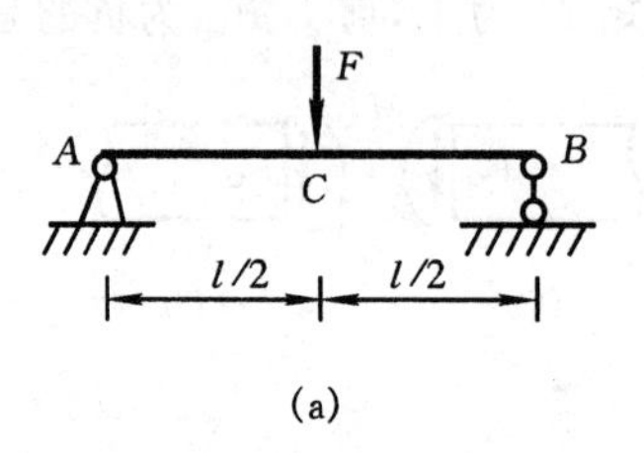

(a)

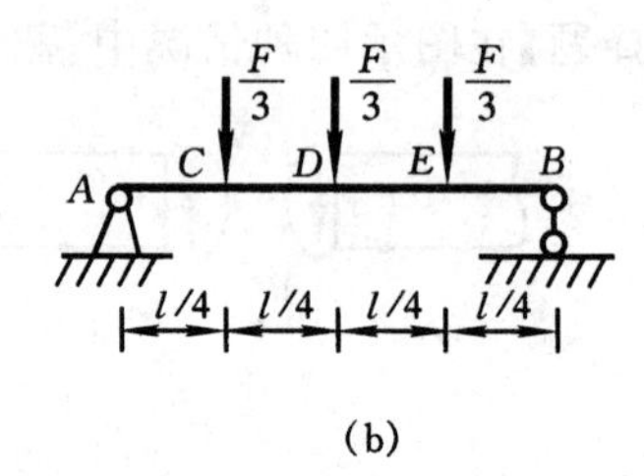

(b)

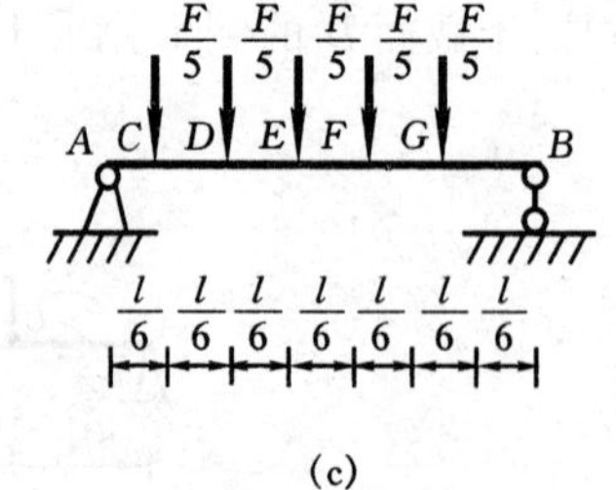

(c)

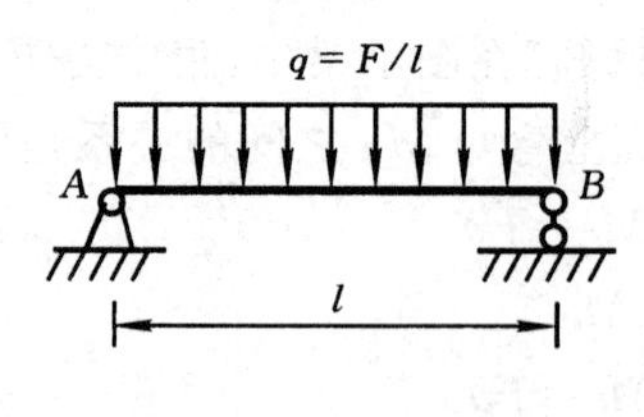

(d)

题 10.10 图

10.11　试作图示各梁的剪力图和弯矩图，并求出剪力和弯矩的绝对值的最大值$|F_Q|_{max}$和$|M|_{max}$。设F、q、M、a均为已知。

(1)

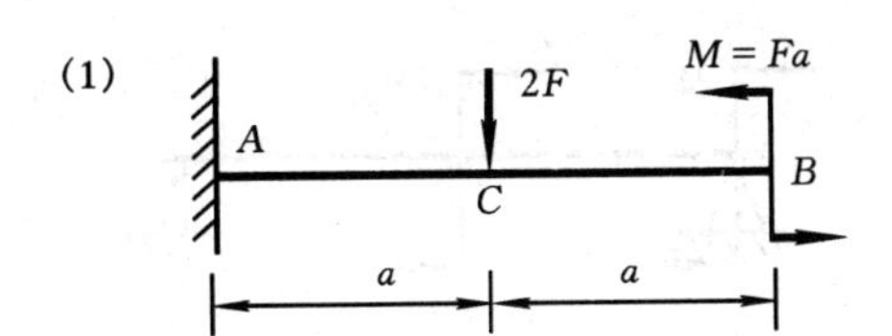

F_Q图

M图

(2)

q

A　C　B

a　a

F_Q图

M图

(3)

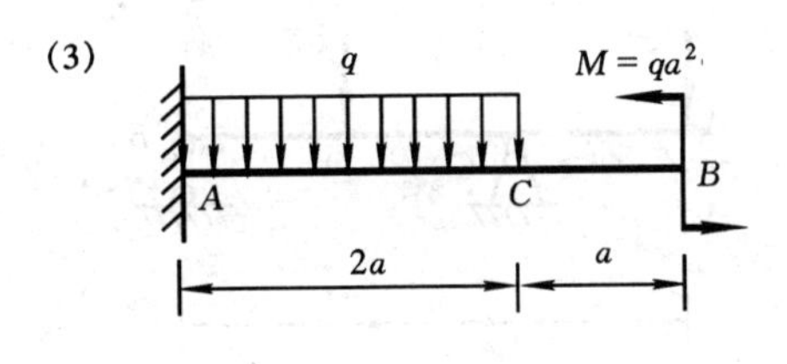

F_Q图

M图

(4)

F　M = Fa

A　C　B

a　a

F_Q图

M图

题10.11图

(5)

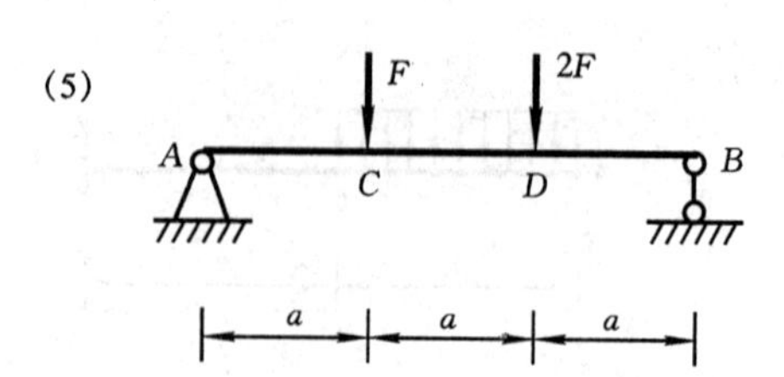

(6)

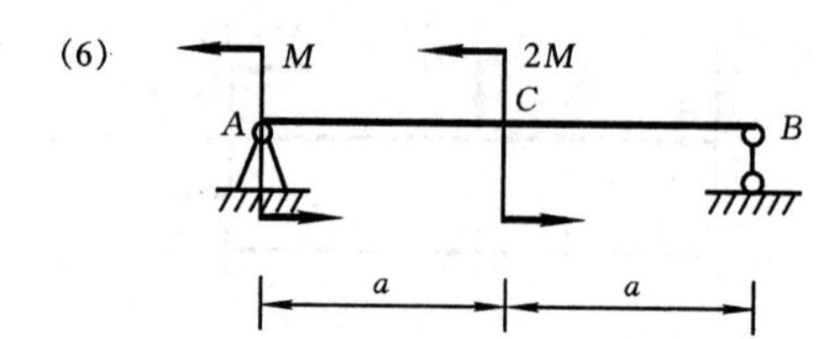

F_Q 图

F_Q 图

M 图

M 图

(7)

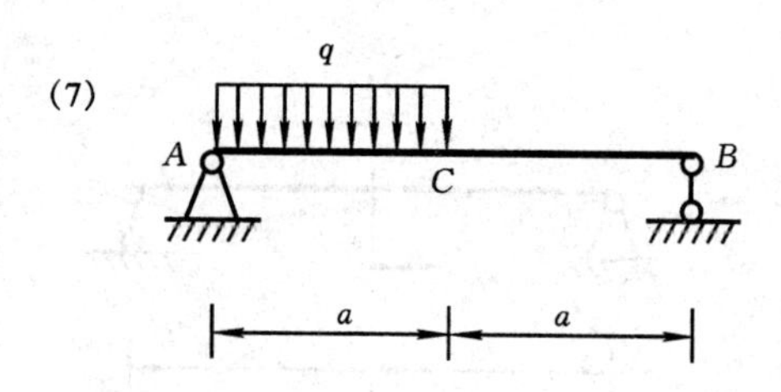

(8)

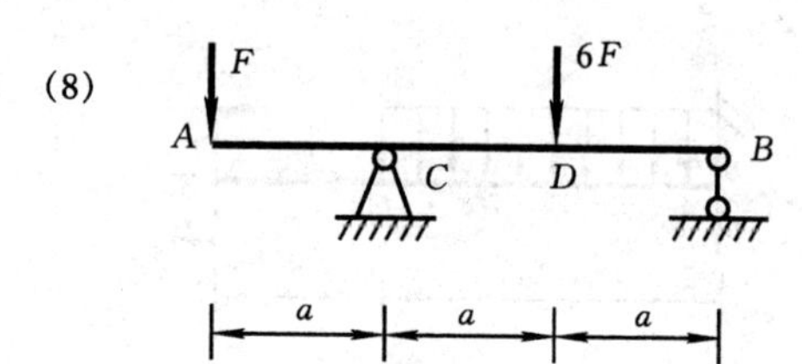

F_Q 图

F_Q 图

M 图

M 图

题 10.11 图(续)

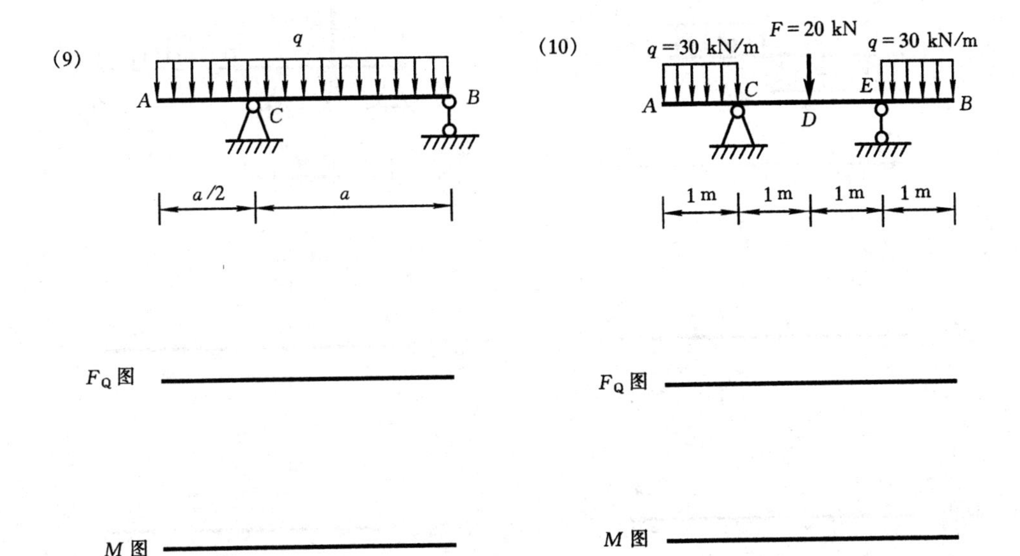

题 10.11 图(续)

10.12 利用载荷、剪力和弯矩之间的微分关系作图示各梁的剪力图和弯矩图。

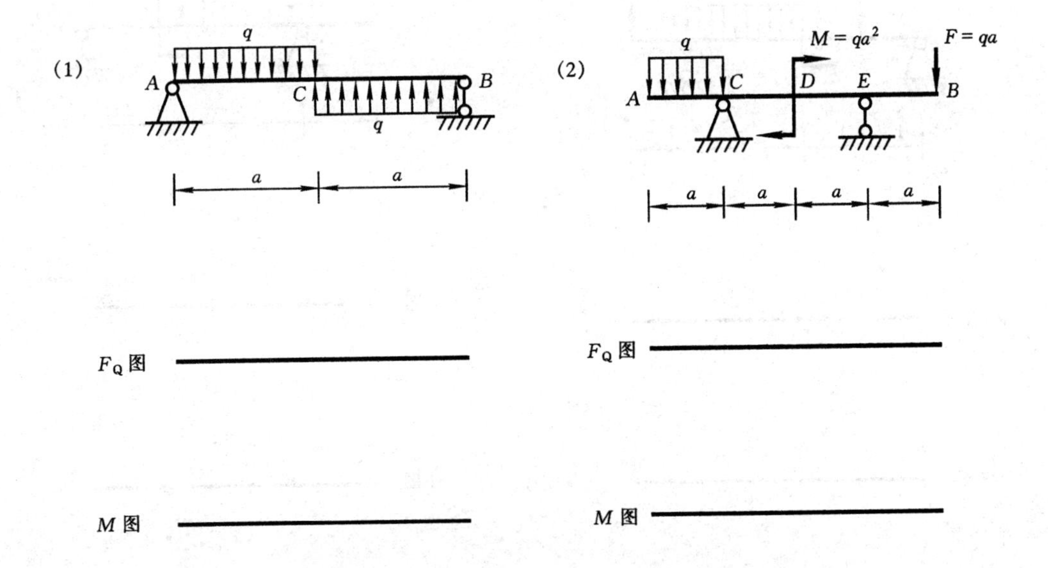

题 10.12 图

(3)

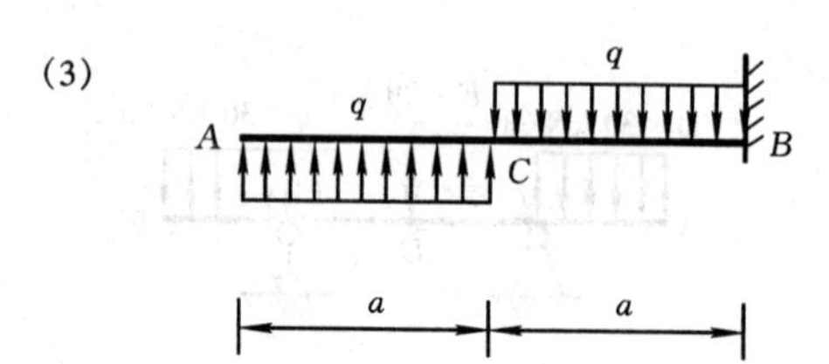

(4)

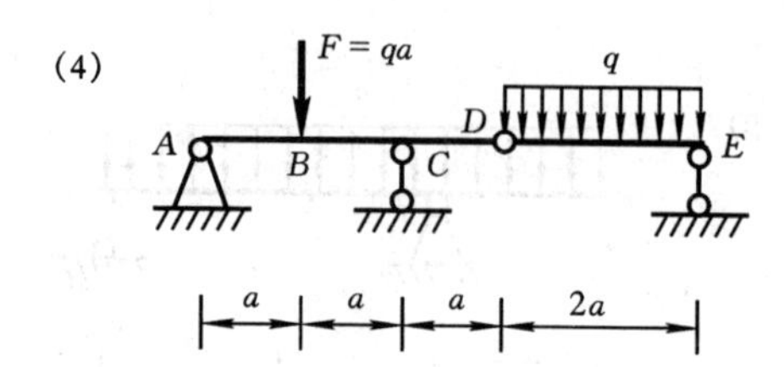

F_Q 图

M 图

F_Q 图

M 图

(5)

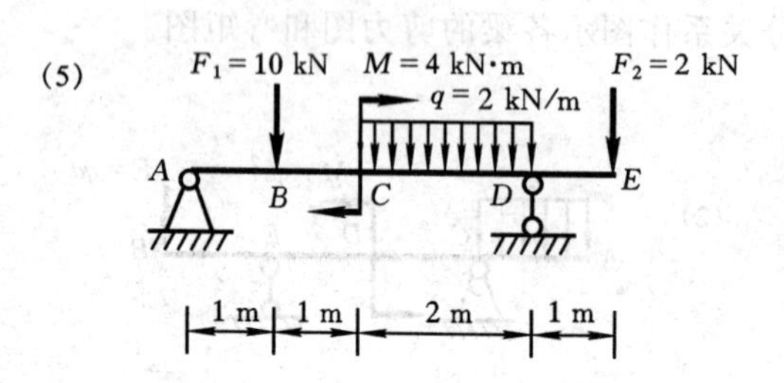

(6)

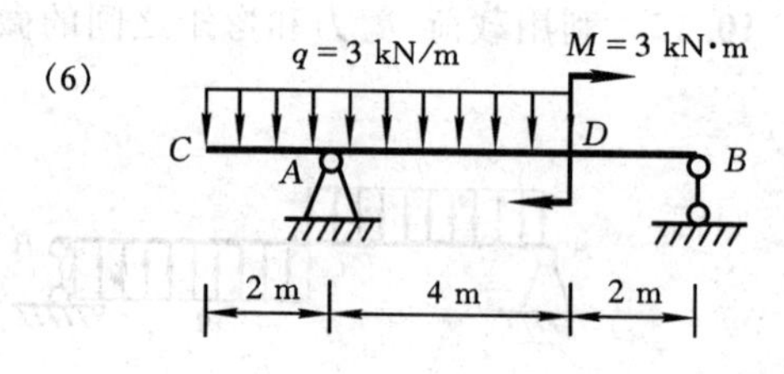

F_Q 图

M 图

F_Q 图

M 图

题 10.12 图(续)

11　弯曲应力

11.1　【是非题】在等截面梁中，正应力绝对值的最大值$|\sigma|_{max}$必出现在弯矩值$|M|_{max}$最大的截面上。　（　　）

11.2　【是非题】控制梁弯曲强度的主要因素是最大弯矩值。　（　　）

11.3　【选择题】在梁的正应力公式$\sigma=\frac{M}{I_z}y$中，I_z为梁截面对于（　　）的惯性矩。

A. 形心轴

B. 对称轴

C. 中性轴

D. 形心主惯性轴

11.4　【选择题】对于矩形截面的梁，以下结论中（　　）是错误的。

A. 出现最大正应力的点上，剪应力必为零

B. 出现最大剪应力的点上，正应力必为零

C. 最大正应力的点和最大剪应力的点不一定在同一截面上

D. 梁上不可能出现这样的截面，即该截面上最大正应力和最大剪应力均为零

11.5　【选择题】倒T形等直梁，两端受力偶矩M作用，翼缘受拉。以下结论中（　　）是错误的。

A. 梁截面的中性轴通过形心

B. 梁的最大压应力出现在截面的上边缘

C. 梁的最大压应力与梁的最大拉应力数值不等

D. 梁内最大压应力的值（绝对值）小于最大拉应力

11.6　【填空题】横力弯曲时，梁截面上的最大正应力发生在＿＿＿＿＿＿＿＿＿＿处，梁截面上的最大剪应力发生在＿＿＿＿＿＿＿＿＿处。矩形截面的最大剪应力是平均剪应力的＿＿＿＿倍。

11.7　【填空题】矩形截面梁，若高度增大一倍（宽度不变），其抗弯能力增大到＿＿＿倍；若宽度增大一倍（高度不变），其抗弯能力增大到＿＿＿倍；若截面面积增大一倍（高宽比不变），其抗弯能力增大到＿＿＿倍。

11.8　【填空题】从弯曲强度的角度考虑，梁的合理截面应使其材料分布远离＿＿＿＿＿。

11.9 试求图中 $m-m$ 截面上 A、B、C、D 四点的正应力及最大正应力。

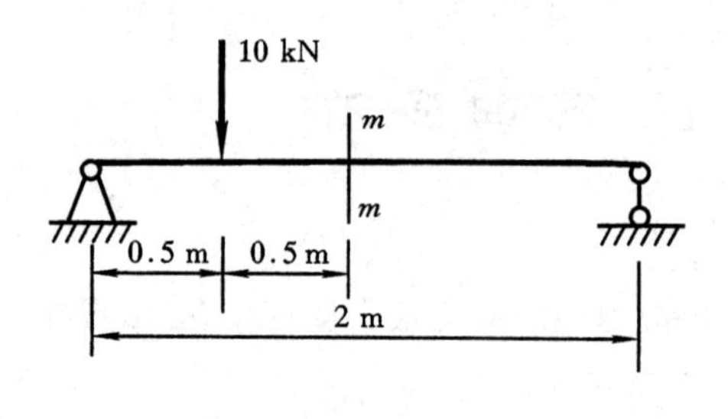

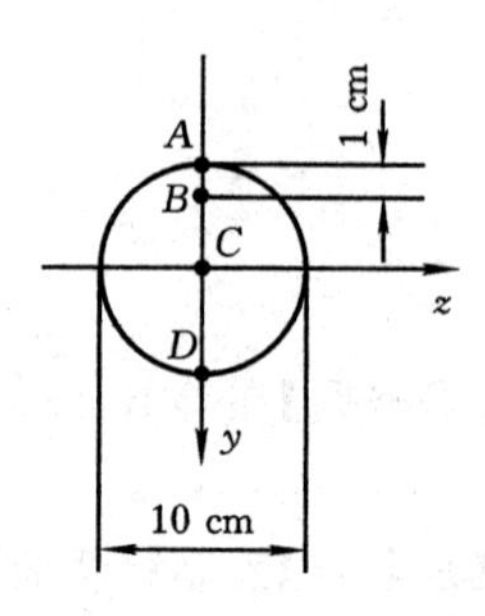

题 11.9 图

11.10　试求图中 $m-m$ 截面上 A、B、C、D 四点的正应力及最大正应力。

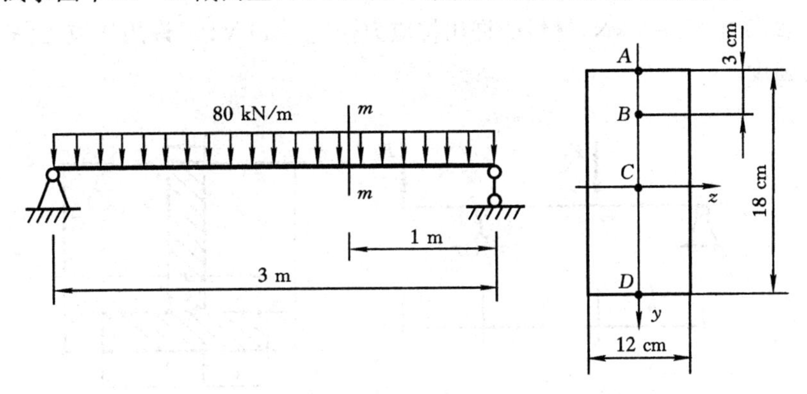

题 11.10 图

11.11　一T形截面的外伸梁如图所示，已知：$l=600$ mm，$a=40$ mm，$b=30$ mm，$c=80$ mm，$F_1=24$ kN，$F_2=9$ kN，材料的许用拉应力$[\sigma^+]=30$ MPa，许用压应力$[\sigma^-]=90$ MPa。试校核梁的强度。

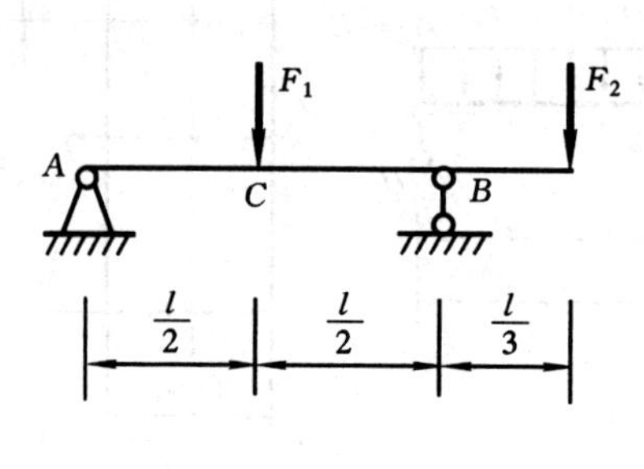

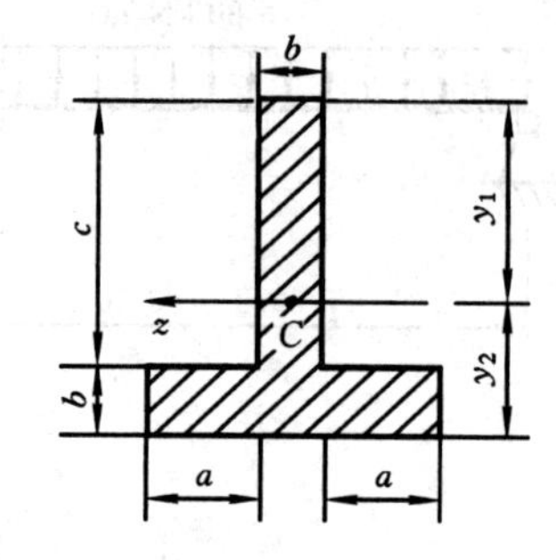

题11.11图

11.12　一矩形截面简支梁如图所示。已知 $l=3\ \mathrm{m}$，$h=160\ \mathrm{mm}$，$b=100\ \mathrm{mm}$，$h_1=40\ \mathrm{mm}$，$y_0=60\ \mathrm{mm}$，$F=3\ \mathrm{kN}$，求 $m-m$ 截面上 g、k、p 三点的切应力。

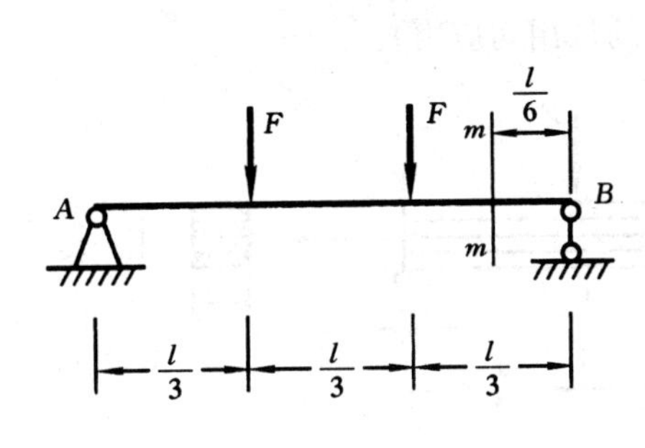

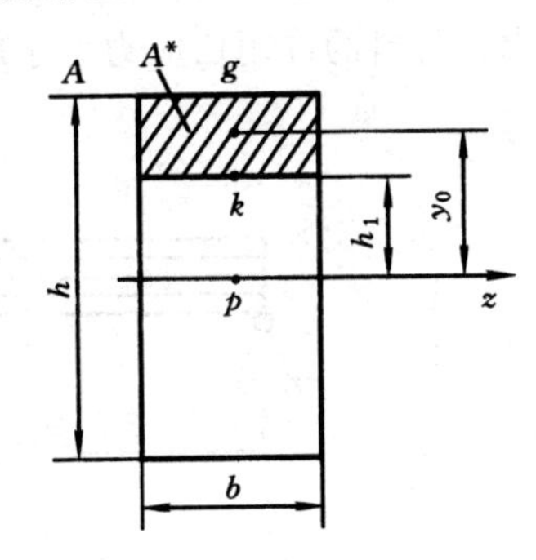

题 11.12 图

11.13　图示简支梁由四块尺寸相同的木板胶接而成。已知 $F=4\ \mathrm{kN}$，$l=400\ \mathrm{mm}$，$b=50\ \mathrm{mm}$，$h=80\ \mathrm{mm}$，胶缝的许用切应力$[\tau]=3\ \mathrm{MPa}$，木板的许用应力$[\sigma]=7\ \mathrm{MPa}$。试校核梁的强度（假设木板材料的许用切应力大于胶缝的许用切应力）。

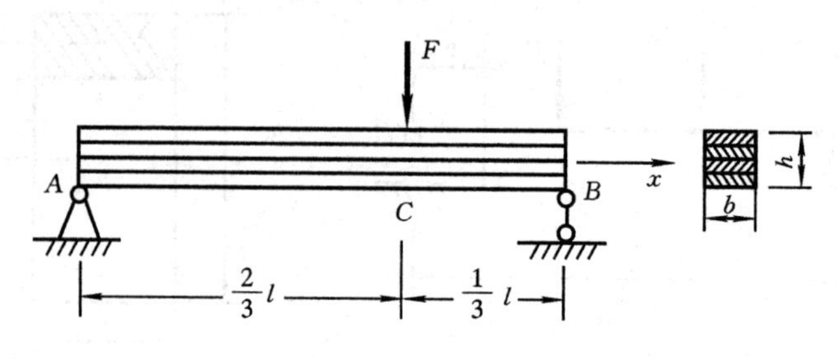

题 11.13 图

11.14　图示简支梁上作用有两个载荷 $F_1=F_2=200\ \text{kN}$。若已知钢材的许用应力$[\sigma]=160\ \text{MPa}$,$[\tau]=100\ \text{MPa}$,试选择合适的工字钢型号。

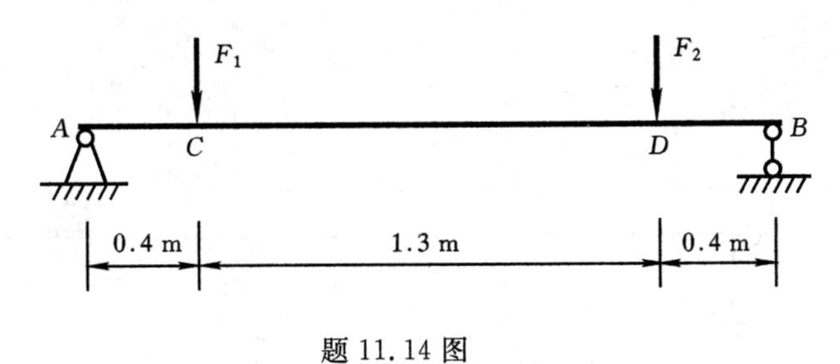

题 11.14 图

11.15　试为图示施工用的钢轨枕木选择矩形截面。已知矩形截面的宽高比为 $b : h = 3 : 4$，$l = 2$ m，枕木的抗弯许用正应力$[\sigma] = 15.6$ MPa，许用切应力$[\tau] = 1.7$ MPa，钢轨传给枕木的压力 $F = 49$ kN。

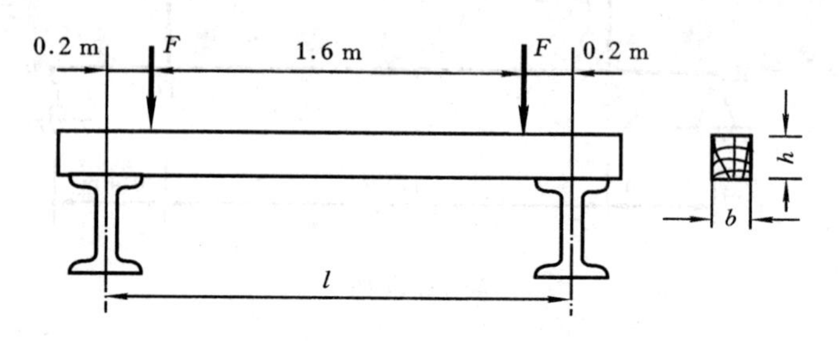

题 11.15 图

12 弯曲变形

12.1 【是非题】梁的挠曲线近似微分方程式为 $EIy''=-M(x)$。 ( )

12.2 【是非题】简支梁的抗弯刚度 EI 相同，在梁中间受载荷 F 相同，当梁的跨度增大一倍后，其最大挠度增加四倍。 ( )

12.3 【是非题】当一个梁同时受几个力作用时，某截面的挠度和转角就等于每一个力单独作用下该截面的挠度和转角的代数和。 ( )

12.4 【选择题】等截面直梁在弯曲变形时，挠曲线的最大曲率发生在( )处。

A. 挠度最大 B. 转角最大 C. 剪力最大 D. 弯矩最大

12.5 【选择题】两简支梁，一根为钢、一根为铜，已知它们的抗弯刚度相同。跨中作用有相同的力 F，二者( )不同。

A. 支座约束力 B. 最大正应力 C. 最大挠度 D. 最大转角

12.6 【选择题】某悬臂梁其刚度为 EI，跨度为 l，自由端作用有力 F。为减小最大挠度，则下列方案中最佳方案是( )。

A. 梁长改为 $\frac{1}{2}l$，惯性矩改为 $\frac{1}{8}I$ B. 梁长改为 $\frac{3}{4}l$，惯性矩改为 $\frac{1}{2}I$

C. 梁长改为 $\frac{5}{4}l$，惯性矩改为 $\frac{3}{2}I$ D. 梁长改为 $\frac{3}{2}l$，惯性矩改为 $\frac{1}{4}I$

12.7 【填空题】用积分法求简支梁的挠曲线方程时，若积分需分成两段，则会出现______个积分常数，这些积分常数需要用梁的__________条件和__________条件来确定。

12.8 【填空题】叠加原理的使用条件是____________________，____________________。

12.9 【填空题】提高梁的刚度措施为____________________________________、______________________________、______________________________。

12.10 已知图示阶梯梁的 M、l、E 和 I。试用积分法求 θ_A、w_A 和 θ_C、w_C。

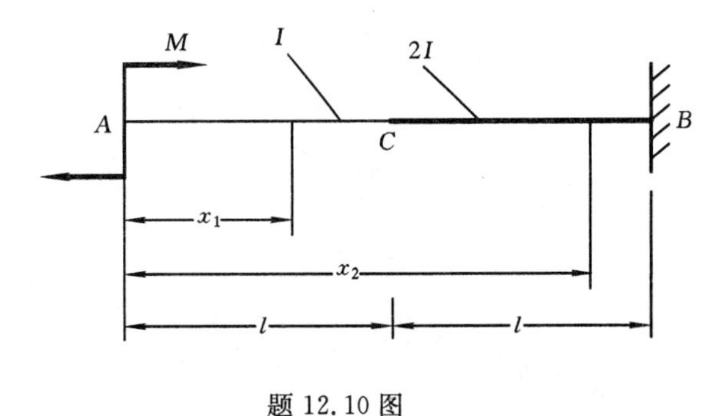

题 12.10 图

12.11　已知图示外伸梁 ABC 的 q 及 l，EI 为常数。求 C 点的挠度 w_C。

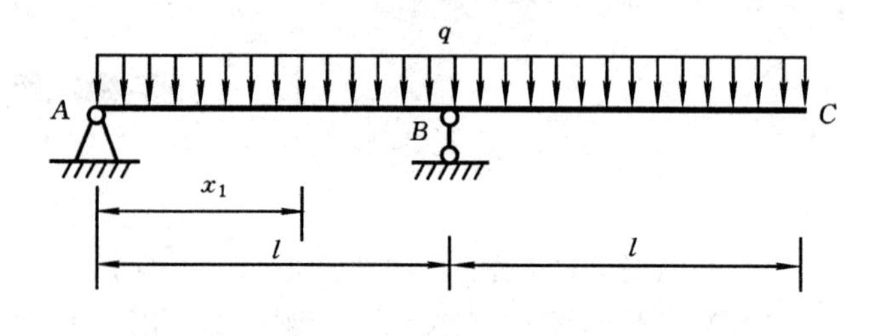

题 12.11 图

12.12 试用叠加法求图示各外伸梁外伸端的挠度 w_C 和转角 θ_C。

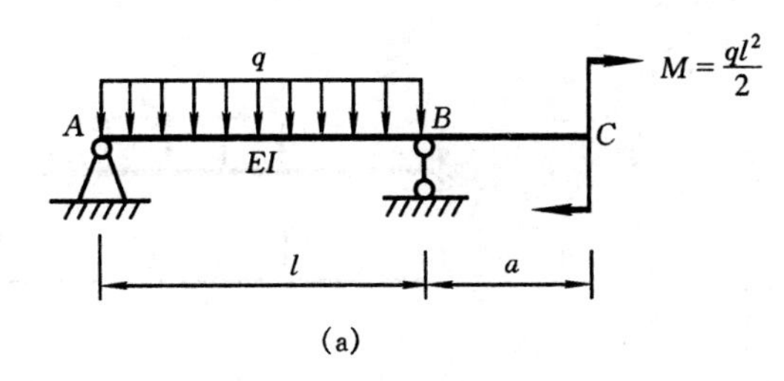

(a)

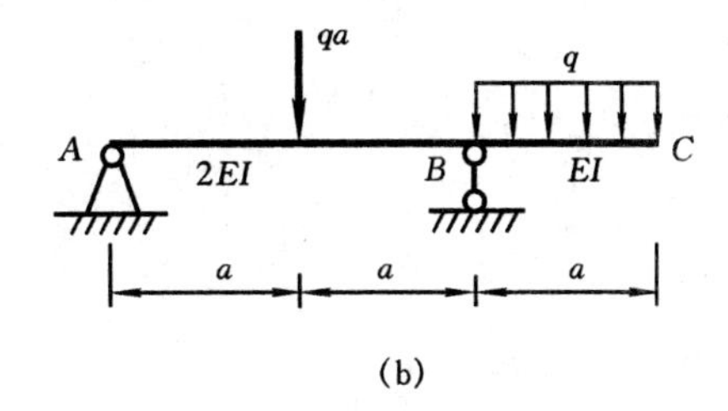

(b)

题 12.12 图

12.13　已知图示梁 AB 的 q、a 和 EI。试用叠加法求截面 C 的转角 θ_C 和 C 点处的挠度 w_C。

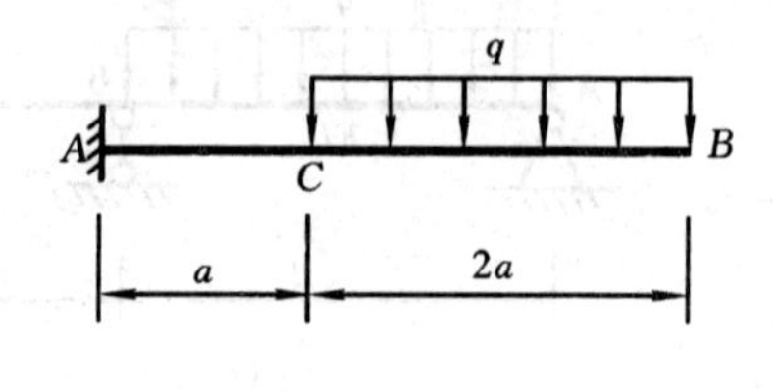

题 12.13 图

12.14 试用叠加法求图所示各梁截面 A 的挠度和截面 B 的转角。设梁的 EI 为常数。

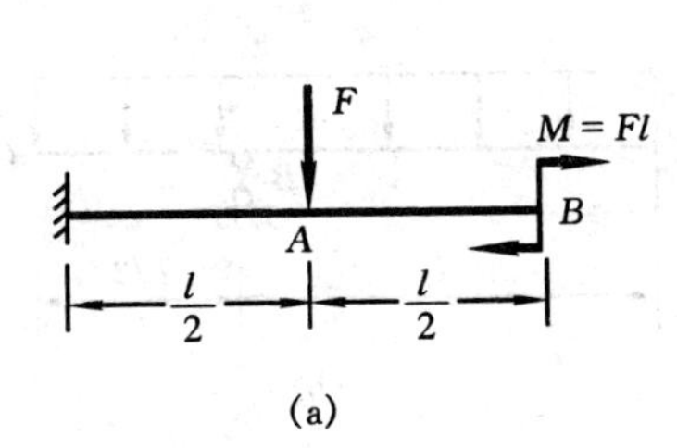

(a)

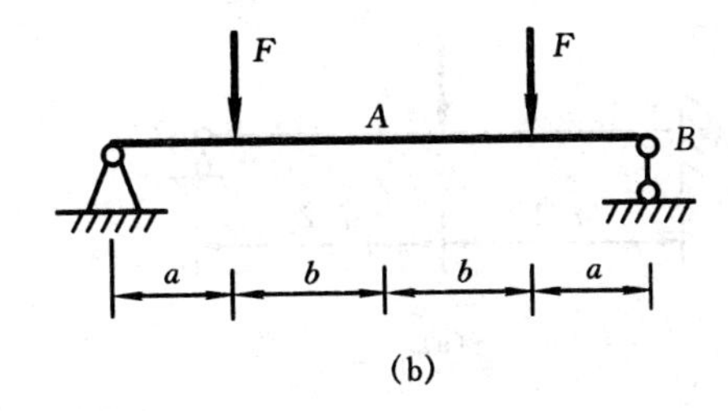

(b)

题 12.14 图

12.15　试求图示各超静定梁的支座约束力，并画出剪力图和弯矩图。EI 为常量。

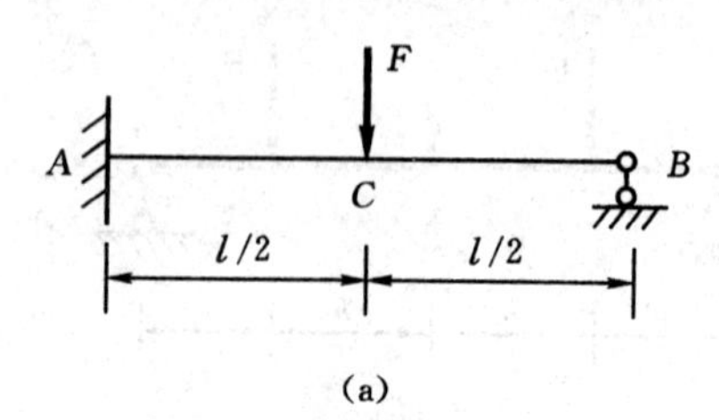

(a)

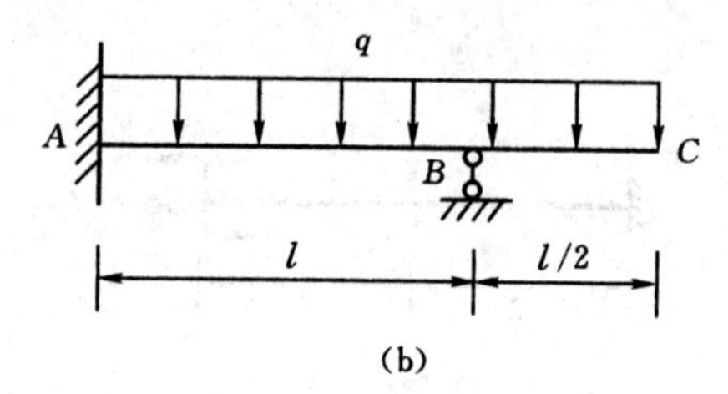

(b)

题 12.15 图

13　应力分析

13.1　【是非题】纯切应力状态是二向应力状态。　（　　）

13.2　【是非题】平面应力状态即二向应力状态，空间应力状态亦即三向应力状态。　（　　）

13.3　【是非题】对于一个平面应力状态而言，任意相互垂直的两个斜截面上的正应力之和是一个常数。　（　　）

13.4　【是非题】一点沿某方向的正应力为零，则该点在该方向上线应变也必为零。　（　　）

13.5　【是非题】轴向拉(压)杆内各点均为单向应力状态。　（　　）

13.6　【选择题】图示单元体所描述的某点应力状态为平面应力状态，则该点所有斜方向的切应力中最大切应力为（　　）。

A. 15 MPa　　B. 65 MPa

C. 40 MPa　　D. 25 MPa

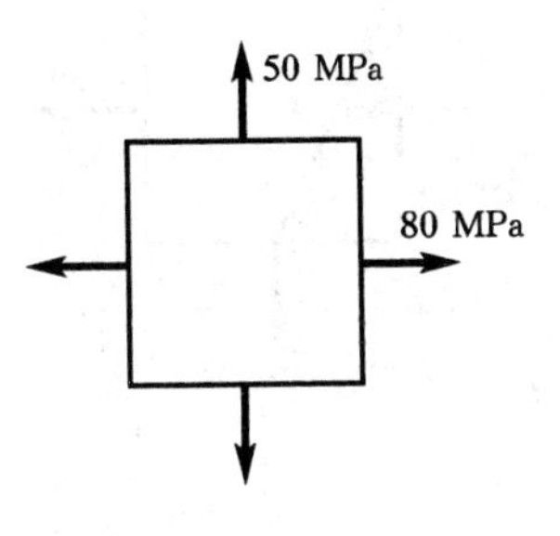

题 13.6 图

13.7　【选择题】图示各单元体中（　　）为单向应力状态，而（　　）为纯切应力状态。

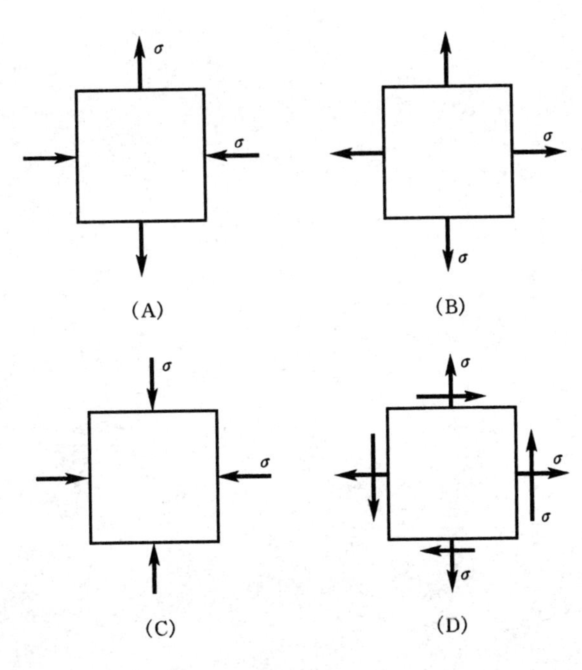

题 13.7 图

13.8 【**选择题**】在单元体斜截面上的正应力与切应力的关系中(　　)。

A. 正应力最小的面上切应力必为零

B. 最大切应力面上的正应力必为零

C. 正应力最大的面上切应力也最大

D. 最大切应力面上的正应力却最小

13.9 【**填空题**】最大切应力所在平面一定与 σ_2 方向________,且和____及____方向夹角为 45°。

13.10 【**填空题**】各斜截面上的应力是斜方向 α 的周期性函数,其周期为______度,此斜方向上正应力的极值即为__________。

13.11 试求下述单元体中指定斜截面上的应力。图中应力单位为 MPa。

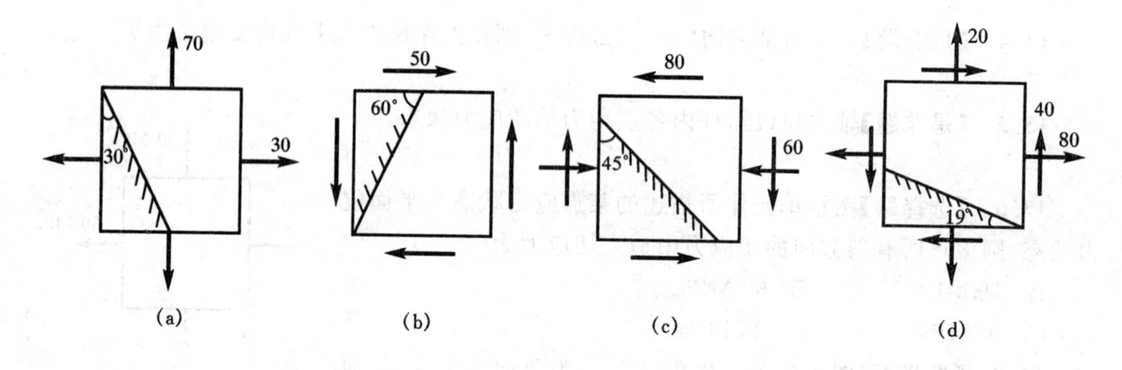

题 13.11 图

13.12 试求题 13.11 图中所示(b)、(c)、(d)单元体的主应力并在原单元体中画出主平面位置,求出最大切应力的值。

13.13　求图示单元体的主应力及最大切应力。应力单位为 MPa。

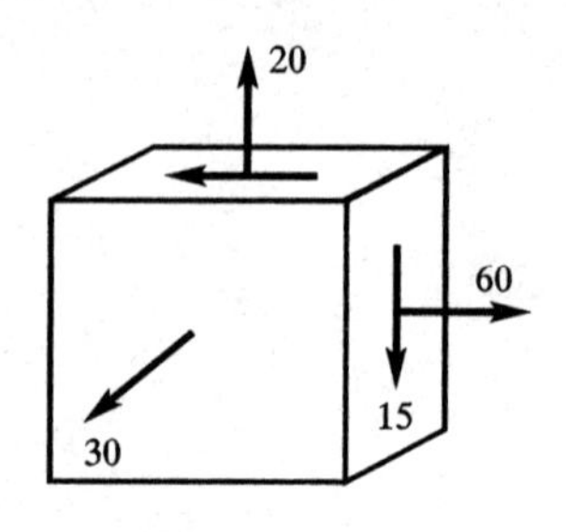

题 13.13 图

13.14　图示直径为 d 的圆轴受扭后，测得在圆轴外侧面上 A 点与母线夹角 45°方向线应变为 ε_{45°，若材料弹性模量为 E，横向变形系数为 μ，试求扭转外力偶矩 M 的大小。

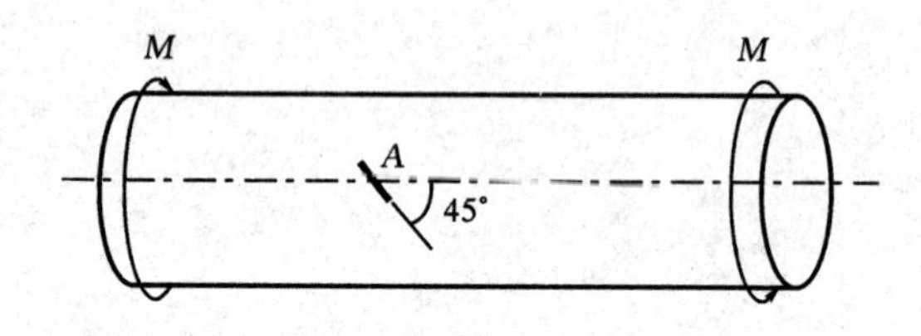

题 13.14 图

13.15 图示矩形截面简支梁，受集中力偶 M 作用而弯曲，在中性层与外侧面交线上 A 点布有与纵向夹角 45°的应变片，因而可测得 A 点该方向应变 $\varepsilon_A=5.00\times10^{-6}$，若梁长 1 m，梁材料的 $E=200$ GPa，$\mu=0.3$，截面长为 $h=10$ cm，宽为 $b=4$ cm，试求力偶矩 M 的大小。

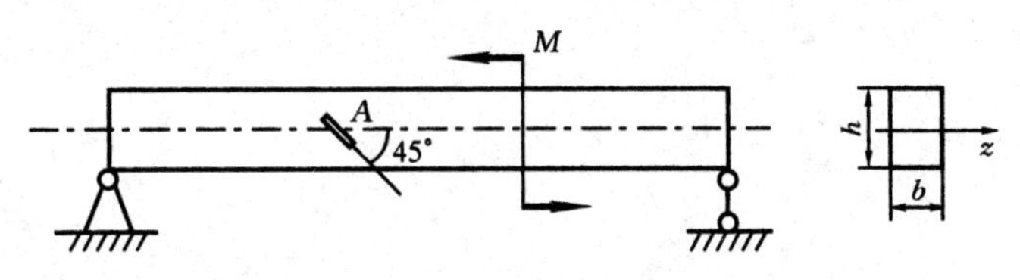

题 13.15 图

13.16　图示边长为 5 cm 的正方形截面杆受轴向拉力 $F=40$ kN 的作用而拉伸。试求：杆内沿与轴向夹角 30°方向的线应变 ε_{30°。材料的 $E=100$ GPa，$\mu=0.25$。

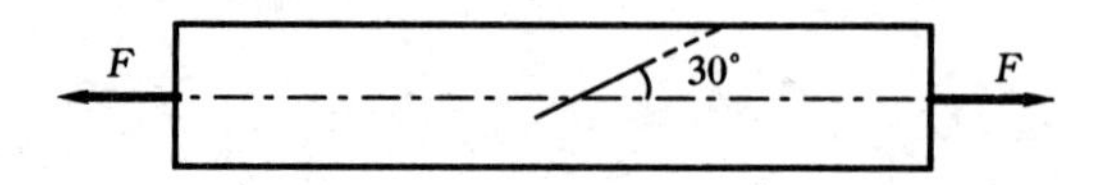

题 13.16 图

14　强度理论

14.1　【是非题】材料在静荷作用下的失效形式主要有断裂和屈服两种。　（　　）

14.2　【是非题】砖、石等脆性材料试样压缩时沿横截面断裂。　（　　）

14.3　【是非题】在三向近乎等值的拉应力作用下，钢等塑性材料只可能毁于断裂。　（　　）

14.4　【填空题】对于图示单向与纯剪切组合应力状态，其相当应力 $\sigma_{r3}=$＿＿＿＿＿＿＿＿，$\sigma_{r4}=$＿＿＿＿＿＿＿＿。

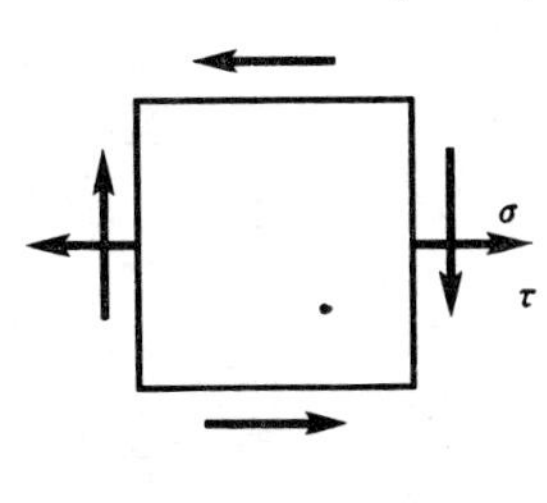

题 14.4 图

14.5　【选择题】导轨与车轮接触处的主应力分别为 −450 MPa、−300 MPa和 −500 MPa。若导轨的许用应力为$[\sigma]=160$ MPa，按第三强度理论或第四强度理论，导轨（　　）强度要求。

A. 符合　　　　　　B. 不符合

14.6　【填空题】圆球形薄壁容器，其内径为 D，壁厚为 δ，承受压强 p 之内压，则其壁内任一点处的主应力为 $\sigma_1=$＿＿＿，$\sigma_2=$＿＿＿，$\sigma_3\approx0$；其相当应力 $\sigma_{r1}=$＿＿＿，$\sigma_{r3}=$＿＿＿，$\sigma_{r4}=$＿＿＿。

14.7　某铸铁构件危险点处的应力情况如图所示，试校核其强度。已知铸铁的许用拉应力$[\sigma^+]=40$ MPa。

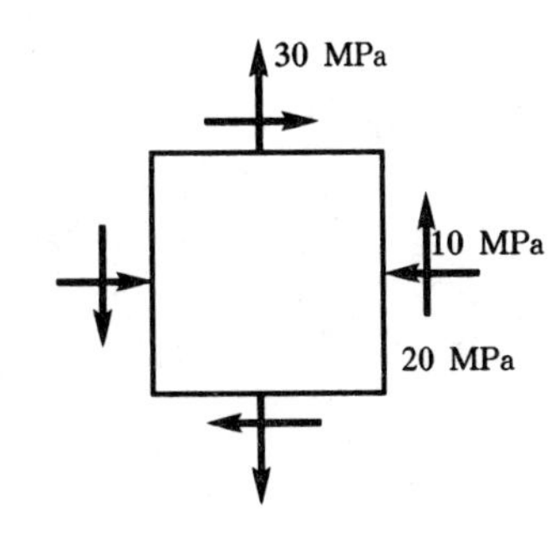

题 14.7 图

14.8　图示圆柱形容器，受外压 $p=15$ MPa 作用。试按第四强度理论确定其壁厚。材料的许用应力$[\sigma]=160$ MPa。

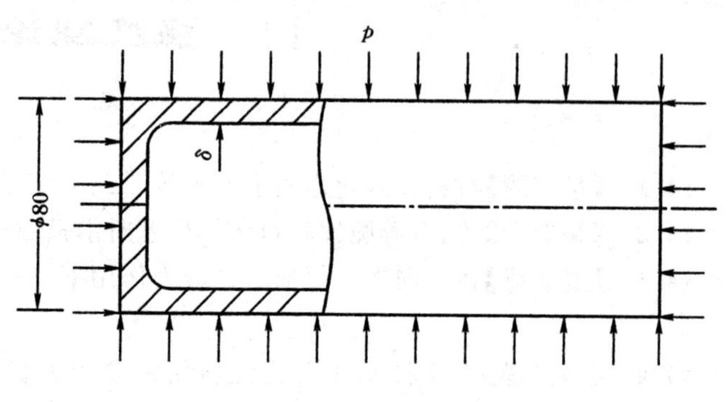

题 14.8 图

15　组合变形

15.1　【是非题】拉(压)弯组合变形的杆件,横截面上有正应力,其中性轴过形心。(　　)

15.2　【是非题】弯扭组合变形的圆轴设计,采用分别依弯曲正应力强度条件及扭转切应力强度条件进行轴径设计计算,而取二者较大的计算结果值为设计轴径的思路。　(　　)

15.3　【是非题】拉(压)弯组合变形的杆件危险点为单向应力状态,而弯扭组合圆轴的危险点为二向应力状态。　(　　)

15.4　【是非题】偏心拉(压)本质是轴向拉(压)与弯曲二类基本变形的组合。　(　　)

15.5　【是非题】立柱承受纵向压力作用,横截面上肯定只有压应力。　(　　)

15.6　【选择题】塑性材料圆轴在拉伸与扭转组合时其强度判据可用危险面上内力轴力及内力扭矩表达,其第三强度理论的强度条件为(　　)。

A. $\sqrt{(\frac{N}{A})^2+(\frac{T}{W_z})^2}\leqslant[\sigma]$　　B. $\sqrt{\frac{N^2+T^2}{W_z}}\leqslant[\sigma]$

C. $\frac{N}{A}\leqslant[\sigma]$,且 $\frac{T}{W_p}\leqslant[\tau]$　　D. $\sqrt{(\frac{N}{A})^2+(\frac{T}{W_p})^2}\leqslant[\sigma]$

15.7　【选择题】图示偏心受拉立柱 AB。在已给各截面形状中其合理形状为(　　)。

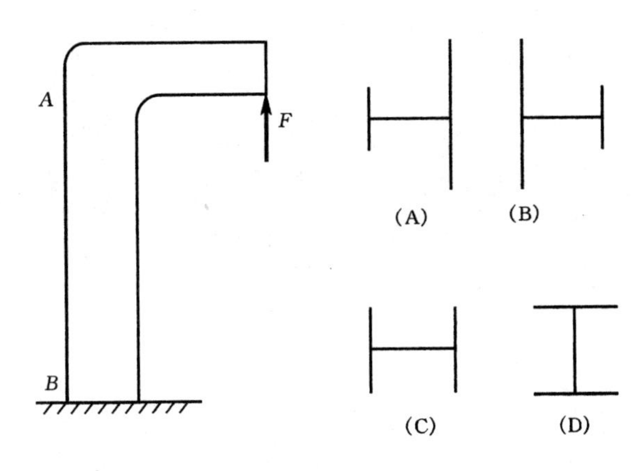

题 15.7 图

15.8　【选择题】图示边长为 a 的正方形截面杆,若受轴向拉力 F 作用,则杆内拉应力为 F/a^2;若杆中段切削一半切口,则杆内最大拉应力为原来的(　　)倍。

A. 2　　B. 4　　C. 8　　D. 16

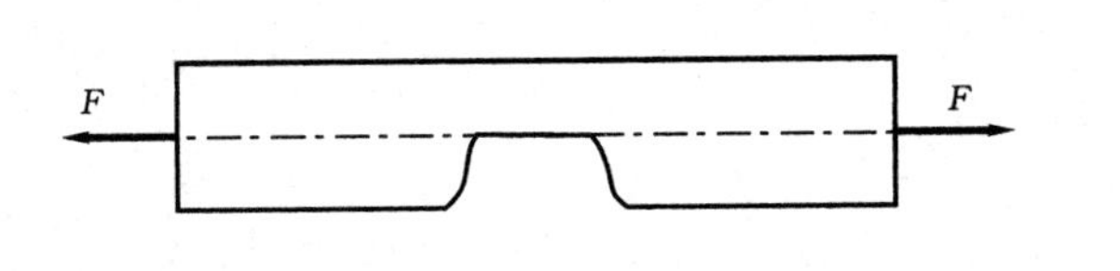

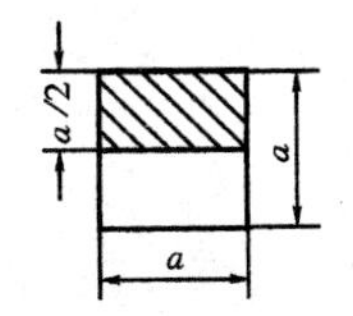

题 15.8 图

15.9 **【填空题】**弯扭组合构件第四强度理论的强度条件可表达为 $\sigma_{r4}=\dfrac{\sqrt{M^2+T^2}}{W}\leqslant[\sigma]$，该条件成立条件为：杆件截面为________________，且杆件材料应为________________。

15.10 起重架的最大起重量 $F=40$ kN，横梁 AB 由两根 No. 18 槽钢组成，材料的 $[\sigma]=120$ MPa。试校核 AB 梁的强度。

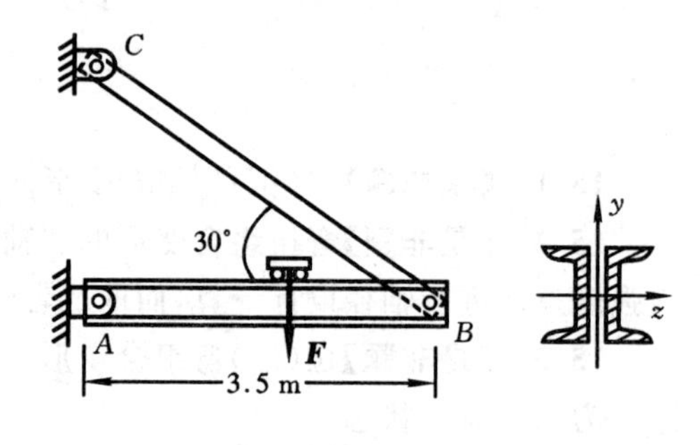

题 15.10 图

15.11 一开口链环如图所示，$F=10$ kN。试求链环中段的最大拉应力。

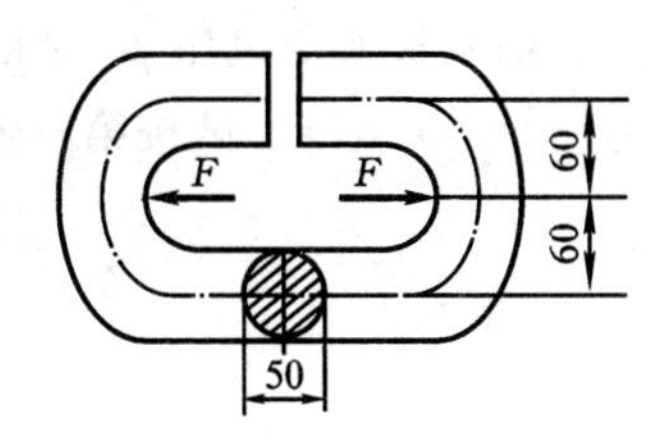

题 15.11 图

15.12　铁道路标圆信号板装在外径 $D=60$ mm 的空心圆柱上。信号板所受风压 $p=2\ \text{kN/m}^2$。若结构尺寸如图，材料许用应力$[\sigma]=60$ MPa。试按第三强度理论选定空心圆柱壁的厚度。

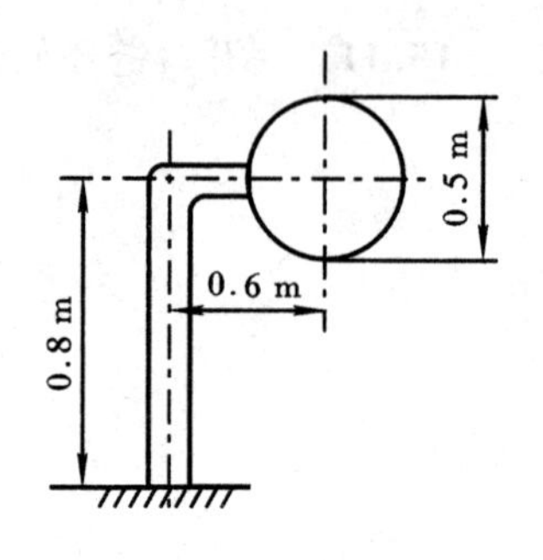

题 15.12 图

15.13 图示一圆轴上装有两个圆轮，两力 $\boldsymbol{F}_1$、$\boldsymbol{F}_2$ 分别沿与两轮相切的水平和铅垂方向作用，并处于平衡状态，其作用方位如图所示。已知圆轴直径 $d=100$ mm，两轮的直径分别为 $d_C=1$ m，$d_D=2$ m，$[\sigma]=60$ MPa，试按第四强度理论确定力 $\boldsymbol{F}_1$、$\boldsymbol{F}_2$ 的许可值。

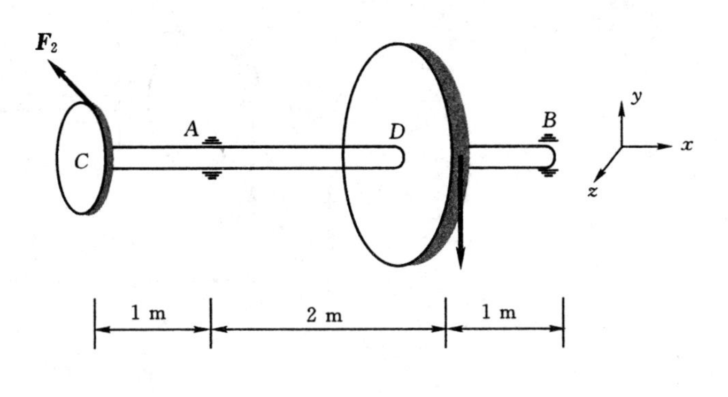

题 15.13 图

15.14 图示钢轴 AB 上有两齿轮 C、D。轮 C 上作用有沿铅垂方向切向力 $F_1=50$ kN，轮 D 上切向力沿水平方向。轮 C 直径 $d_C=300$ mm，轮 D 直径 $d_D=150$ mm，轴许用应力$[\sigma]=100$ MPa，工作时 AB 圆轴作匀角速转动。试用第三强度理论设计轴径 d。

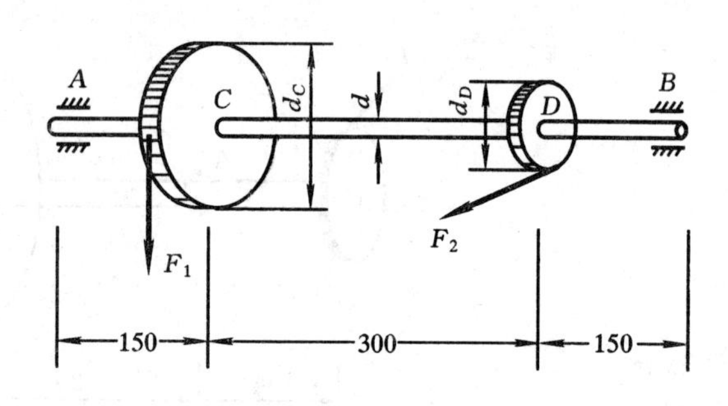

题 15.14 图

16　压杆稳定

16.1　【是非题】所有受力构件都有失稳的可能性。　　（　　）

16.2　【是非题】在临界载荷作用下，压杆既可在直线状态保持平衡，也可在微弯状态下保持平衡。　　（　　）

16.3　【是非题】所有两端受集中轴向力作用的压杆都可以采用欧拉公式计算其临界压力。　　（　　）

16.4　【填空题】柔度综合地反映了压杆的____________________对临界应力的影响。

16.5　【填空题】柔度越大的压杆，其临界应力越______，越__________失稳。

16.6　图示活塞杆用硅钢制成，其直径 $d=40$ mm，外伸部分最大长度 $l=1$ m，弹性模量 $E=210$ GPa，$\lambda_p=100$。试确定活塞杆临界载荷。

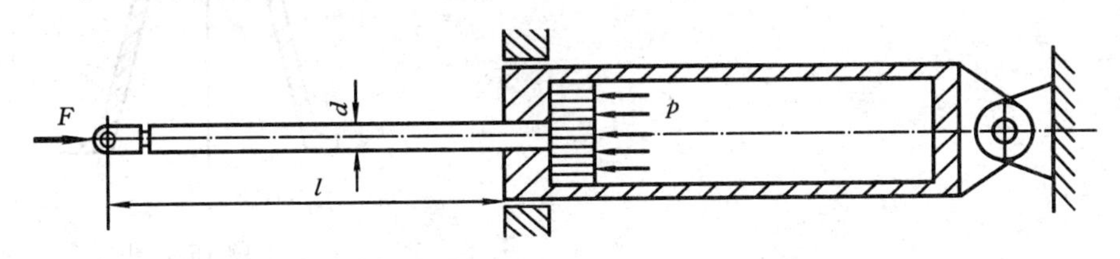

题 16.6 图

16.7　试检查图示千斤顶丝杠的稳定性。若千斤顶的最大起重量 $F=120$ kN，丝杠内径 $d=52$ mm，丝杠总长 $l=600$ mm，衬套高度 $h=100$ mm，稳定安全因数 $n_{st}=4$，丝杠用 Q235 钢制成，中柔度杆的临界应力公式为：

$\sigma_{cr}=(304-1.12\lambda)$ MPa　　$(61<\lambda<101)$

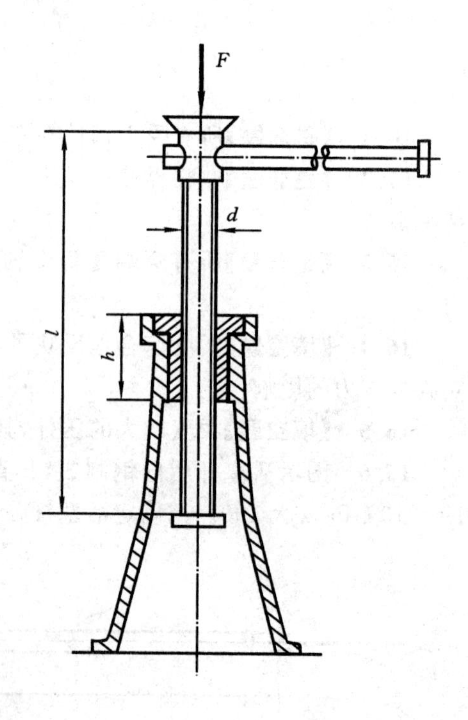

题 16.7 图

16.8　图示用铬钼钢制成的连杆。连杆截面积 $A=720\ \text{mm}^2$，惯性矩 $I_z=6.5\times10^4\ \text{mm}^4$，$I_y=3.8\times10^4\ \text{mm}^4$。铬钼钢中柔度杆计算临界应力的直线公式为

$$\sigma_{cr}=(980-5.29\lambda)\ \text{MPa}\qquad(0<\lambda<55)$$

试确定连杆的临界载荷，并判断横截面的设计是否合理。

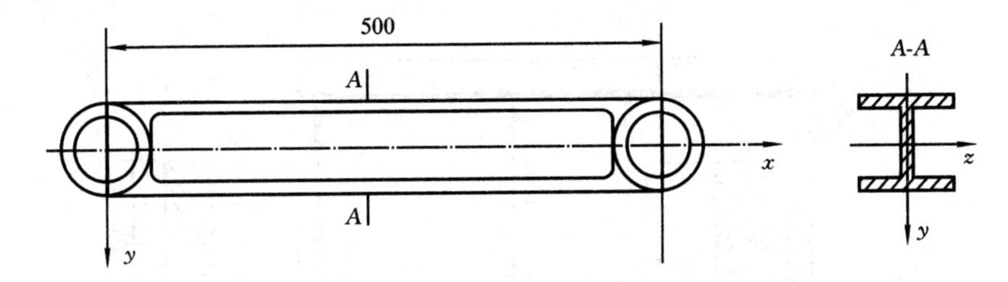

题 16.8 图

16.9　图示结构中 ABC 为矩形钢梁，CD 为等截面矩形钢杆，C、D 两处均为铰接。已知钢梁 $b_1=60$ mm，$h_1=90$ mm；钢杆 $b=20$ mm，$h=30$ mm，$E=200$ GPa，$\sigma_s=235$ MPa，$\sigma_p=200$ MPa；强度安全因数为 $n=2.0$，稳定安全因数为 $n_{st}=3.0$。不考虑梁的弯曲切应力，试确定结构的许可载荷。

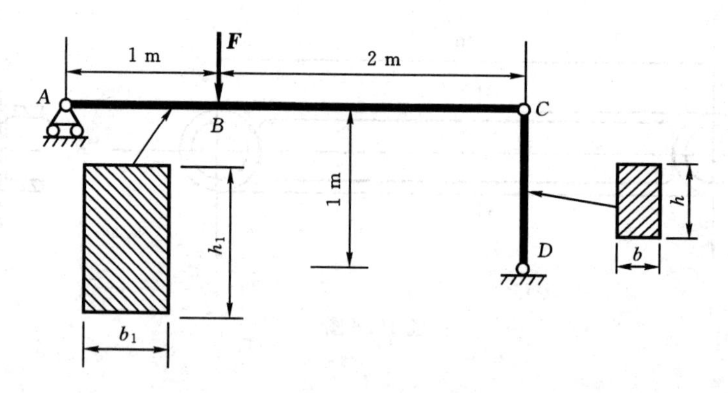

题 16.9 图

附录　参考答案

1　静力学公理・受力图

1.1　×　　**1.2**　√　　**1.3**　√　　**1.4**　√　　**1.5**　×　　**1.6**　D　　**1.7**　D

1.8　不改变，滑动。　**1.9**　外，内。　**1.10**　约束，相反，主动，主动。

1.11　（略）　**1.12**　（略）

2　平面力系

2.1　×　　**2.2**　√　　**2.3**　×　　**2.4**　×　　**2.5**　×　　**2.6**　A　　**2.7**　C

2.8　B　　**2.9**　A，D，C。

2.10　力偶矩相等、转向相同、作用在同一平面内；力偶系中力偶矩的代数和为零。

2.11　力多边形自行封闭；各力在任一轴上投影的代数和均为零。

2.12　$\sum M_A = 0$，　$\sum M_B = 0$，　$\sum F_x = 0$；AB 连线不能与 x 轴垂直。

2.13　$\sum M_A = 0$，　$\sum M_B = 0$，　$\sum M_C = 0$；A、B、C 三点不共线。

2.14　$F'_{Rx} = \sum F_x = 70\ \text{N}$。　$F'_{Ry} = \sum F_y = 150\ \text{N}$。

$M_O = \sum M_O(\boldsymbol{F}) = 580\ \text{N}\cdot\text{m}$。　$\boldsymbol{F}_R = \boldsymbol{F}'_R = (70\boldsymbol{i} + 150\boldsymbol{j})\ \text{N}$。

合力 $\boldsymbol{F}_R$ 的作用线方程为 $15x - 7y - 58 = 0$

2.15　$F_D = 1.08\ \text{kN}$

2.16　$F_3 = 173\ \text{N}$

2.17　$\boldsymbol{F}_R = -(1.5\boldsymbol{i} + 2\boldsymbol{j})\ \text{kN}$，　$\boldsymbol{F}_R$ 作用线与 x 轴交点的 x 坐标 $x = 290\ \text{mm}$。

2.18　$F_{p3} = 35\ \text{kN}$，$(DE)_{\min} = 3.5\ \text{m}$。

2.19　(1) $F_{Ax} = 0$，$F_{Ay} = 15\ \text{kN}$，$F_B = 21\ \text{kN}$。

(2) $F_{Ax} = 14.1\ \text{kN}$，$F_{Ay} = 20.1\ \text{kN}$，$M_A = 40.3\ \text{kN}\cdot\text{m}$。

3　物系平衡问题

3.1　(d)；(a)，(b)，(c)。

3.2　$\sum M_C = 0$，　$-2q \times 1 - M + F_E \times 4 = 0$。　①

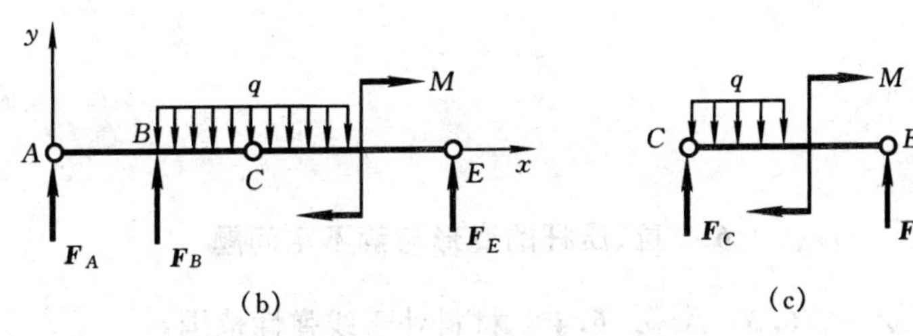

解 3.2 图

$\sum M_A = 0$， $F_B \times 2 - 4q \times 4 - M + F_E \times 8 = 0$。 ②

$\sum F_y = 0$， $F_A + F_B + F_E - 4q = 0$。 ③

$F_A = -15\ \text{kN}$， $F_B = 40\ \text{kN}$， $F_E = 15\ \text{kN}$。

3.3 $F_{Ax} = \dfrac{\sqrt{3}M}{9a}$， $F_{Ay} = 2qa - \dfrac{M}{3a}$， $M_A = 2qa^2 - \dfrac{2}{3}M$； $F_E = \dfrac{2\sqrt{3}}{9a}M$。

3.4 $F_{Ax} = 2\ 075\ \text{N}$， $F_{Ay} = -1\ 000\ \text{N}$； $F_{Ex} = -2\ 075\ \text{N}$， $F_{Ey} = 2\ 000\ \text{N}$。

3.5 $F_{Ax} = -F$， $F_{Ay} = -F$； $F_{Bx} = -F$， $F_{By} = 0$； $F_{Dx} = 2F$， $F_{Dy} = F$。

3.6 $F_{CD} = 7.1\ \text{kN}$， $F_{BD} = -15\ \text{kN}$， $F_{CF} = 20\ \text{kN}$。

4　空间力系

4.1 C　**4.2** ✓　**4.3** ✓　**4.4** ×　**4.5** ×　**4.6** ✓　**4.7** B

4.8 A　**4.9** A

4.10 $F_x = -\dfrac{Fa}{\sqrt{a^2+b^2+c^2}}$； $F_y = -\dfrac{Fc}{\sqrt{a^2+b^2+c^2}}$； $F_z = \dfrac{Fb}{\sqrt{a^2+b^2+c^2}}$。

$M_x = \dfrac{Fbc}{\sqrt{a^2+b^2+c^2}}$； $M_y = -\dfrac{Fab}{\sqrt{a^2+b^2+c^2}}$； $M_z = 0$。

4.11 $F_{R'x} = F$， $F_{R'y} = F$， $F_{R'z} = F$；

$M_x = Fb - Fc$, $M_y = -Fa$, $M_z = 0$。

$F_{R'} = \sqrt{3}F$； $M_O = F\sqrt{(b-c)^2 + a^2}$；

$\boldsymbol{F}_{R'} \perp \boldsymbol{M}_O$； $F(Fb - Fc) + F(-Fa) + F \times 0 = 0$； $a = b - c$。

4.12 $F_T = \dfrac{F}{2\sin\alpha}$； $F_{Ax} = \dfrac{F}{2}\cos\alpha$， $F_{Ay} = \dfrac{F\cos^2\alpha}{2\sin\alpha}$， $F_{Az} = \dfrac{F}{2}$； $F_{Bx} = 0$， $F_{Bz} = 0$。

4.13 $F_S = 13\ \text{kN}$； $F_{Ax} = 86.67\ \text{kN}$， $F_{Ay} = 22.5\ \text{kN}$， $F_{Az} = 28.6\ \text{kN}$；

$F_{Bx} = -216.67\ \text{kN}$， $F_{Bz} = 73.44\ \text{kN}$

5　拉、压杆的内力、应力与强度

5.1 ✓　**5.2** ×　**5.3** D　**5.4** σ_e、σ_p、σ_s、σ_b、E、δ、ψ、μ。

5.5 暴露内力并加以确定；截，代，平衡。

5.6 $F_{N1} = 0$， $F_{N2} = 4F$， $F_{N3} = 3F$。

5.7 $F_{N1} = 2F$， $F_{N2} = \sqrt{2}F$。

5.8 $F = 98.4\ \text{kN}$

5.9 $\sigma = 32.7\ \text{MPa}$

5.10 $d \geqslant 18\ \text{mm}$

6　拉、压杆的变形与静不定问题

6.1 ×　**6.2** ✓　**6.3** A　**6.4** 材料处于线弹性范围。

6.5 变形几何关系，物理关系，列出补充方程。

6.6 $\Delta l = -1.5 \times 10^{-4}\ \text{m}$

6.7　$\Delta_H = 1.60 \times 10^{-3}$ m

6.8　$F_A = 70$ kN

6.9　$F_{N1} = \frac{5}{6}F$，　$F_{N2} = \frac{1}{3}F$，　$F_{N3} = -\frac{1}{6}F$。

6.10　$\Delta_x = 0.247$ mm(→)，$\Delta_y = 1.088$ mm(↓)。

7　剪切与挤压

7.1　$\frac{2F}{\pi d^2}$，　$\frac{F}{t_1 d}$。

7.2　$4\frac{[\tau]}{[\sigma]}$

7.3　bh，　$\frac{F}{bh}$，　bc，　$\frac{F}{bc}$。

7.4　bl，　$\frac{F}{2bl}$，　$b\delta$，　$\frac{F}{2b\delta}$。

7.5　$\frac{F\sin 75^\circ}{40 \times 50} = 19.32$ MPa

7.6　$2t(4a + b + c)\tau_u$

7.7　钉的剪切强度，钉的挤压强度，板的挤压强度，板的拉伸强度。板的拉伸强度。(a)。

7.8　键的剪切强度和挤压强度均满足要求

7.9　$d_{min} = 34.03$ mm，　$t_{max} = 10.40$ mm。

7.10　$m = 64$，　$n = 36$。

8　扭转

8.1　C　　8.2　(b)，(e)。　　8.3　(b)　　8.4　(b)　　8.5　B，A。　　8.6　A，B。

8.7　E，B，C，B。　　8.8　A，C。　　8.9　B　　**8.10**　8，32，16。

8.11　灰铸铁，低碳钢，木材，(b)。　　**8.12**　(略)

8.13　(1) $\tau_{max} = 20.97$ MPa，　$\tau_a = 10.48$ MPa。

(2) $\gamma_{max} = 262 \times 10^{-6}$ rad，　$\gamma_a = 131 \times 10^{-6}$ rad；　(3) $\varphi = 0.50^\circ$。

8.14　(2) 满足强度要求；　(3) $\varphi_{AC} = -0.298^\circ$。

8.15　$d_1 = 45$ mm；　$D_2 = 46$ mm；　$d_2 = 23$ mm。

8.16　$d = 70$ mm

8.17　(1) $\overline{M} = 9.76$ N·m/m；　(2) $T_{max} = 390$ N·m；　(3) 钻杆强度足够；

(4) $\varphi_{AB} = 8.49^\circ$。

9　截面的几何性质

9.1　×　　**9.2**　×　　**9.3**　√　　**9.4**　×　　**9.5**　D　　9.6　C　　9.7　B

9.8　$S_y = \frac{bh^2}{2}$，　$I_y = \frac{bh^3}{3}$，　$I_z = \frac{hb^3}{3}$，　$I_{yz} = -\frac{1}{4}b^2h^2$。

9.9　$I_y = \frac{a^4}{12}$，　$I_z = \frac{a^4}{12}$，　$I_{y_1} = \frac{a^4}{12}$，　$I_{z_1} = \frac{7}{12}a^4$，　$I_{yz} = 0$，　$I_{y_1z_1} = 0$。

9.10 $S_y = \dfrac{d^3}{12}$； $I_y = \dfrac{\pi d^4}{128}$； $I_{y1} = \dfrac{\pi d^4}{128} + (a^2 + \dfrac{4ad}{3\pi})\dfrac{\pi d^2}{8}$

9.11 $S_y = 0$， $S_z = 0$； $I_y = 173.33\ \text{cm}^4$， $I_z = 533.4\ \text{cm}^4$； $I_{yz} = 0$

10 弯曲内力

10.1 √ **10.2** √ **10.3** √ **10.4** × **10.5** B 10.6 B 10.7 C

10.8 D **10.9** $a = \dfrac{l}{5}$

10.10 $F_{Q\max} = \dfrac{F}{2}$；各，端；$M_{\max} = \dfrac{FL}{4}$；(a)，C。

10.11 (1) $|F_Q|_{\max} = 2F$， $|M|_{\max} = Fa$。

(2) $|F_Q|_{\max} = qa$， $|M|_{\max} = \dfrac{3}{2}qa^2$。

(3) $|F_Q|_{\max} = 2qa$， $|M|_{\max} = qa^2$。

(4) $|F_Q|_{\max} = F$， $|M|_{\max} = Fa$。

(5) $|F_Q|_{\max} = \dfrac{5}{3}F$， $|M|_{\max} = \dfrac{5}{3}Fa$。

(6) $|F_Q|_{\max} = \dfrac{3M}{2a}$， $|M|_{\max} = \dfrac{3}{2}M$。

(7) $|F_Q|_{\max} = \dfrac{3}{4}qa$， $|M|_{\max} = \dfrac{9}{32}qa^2$。

(8) $|F_Q|_{\max} = \dfrac{7}{2}F$， $|M|_{\max} = \dfrac{5}{2}Fa$。

(9) $|F_Q|_{\max} = \dfrac{5}{8}qa$， $|M|_{\max} = \dfrac{1}{8}qa^2$。

(10) $|F_Q|_{\max} = 30\ \text{kN}$， $|M|_{\max} = 15\ \text{kN}\cdot\text{m}$。

10.12 (1) $|F_Q|_{\max} = \dfrac{1}{2}qa$， $|M|_{\max} = \dfrac{1}{8}qa^2$。

(2) $|F_Q|_{\max} = qa$， $|M|_{\max} = \dfrac{5}{4}qa^2$。

(3) $|F_Q|_{\max} = qa$， $|M|_{\max} = qa^2$。

(4) $|F_Q|_{\max} = qa$， $|M|_{\max} = qa^2$。

(5) $|F_Q|_{\max} = 7\ \text{kN}$， $|M|_{\max} = 8\ \text{kN}\cdot\text{m}$。

(6) $|F_Q|_{\max} = 8.5\ \text{kN}$， $|M|_{\max} = 7\ \text{kN}\cdot\text{m}$。

11 弯曲应力

11.1 × **11.2** × **11.3** C 11.4 D 11.5 D

11.6 离中性轴最远处，中性轴，3/2。 **11.7** 8，2，4。 **11.8** 中性轴

11.9 $\sigma_A = -25.48\ \text{MPa}$， $\sigma_B = -20.37\ \text{MPa}$， $\sigma_C = 0$， $\sigma_D = 25.48\ \text{MPa}$， $\sigma_{\max} = 38.22\ \text{MPa}$。

11.10 $\sigma_A = -123.46\ \text{MPa}$， $\sigma_B = -82.31\ \text{MPa}$， $\sigma_C = 0$， $\sigma_D = 123.46\ \text{MPa}$， $\sigma_{\max} = 138.89\ \text{MPa}$。

11.11　$\sigma_{max}^{+}=22.5\ \text{MPa}<[\sigma^{+}]$，　$\sigma_{max}^{-}=33.9\ \text{MPa}<[\sigma^{-}]$。

11.12　$\tau_g=0$，　$\tau_k=0.21\ \text{MPa}$，　$\tau_p=0.28\ \text{MPa}$。

11.13　$\sigma_{max}=6.7\ \text{MPa}<[\sigma]$，　$\tau_{max}=1\ \text{MPa}<[\tau]$。

11.14　28a 号工字钢

11.15　$h=240\ \text{mm}$，　$b=180\ \text{mm}$。

12　弯曲变形

12.1　✓　　**12.2**　×　　**12.3**　✓　　**12.4**　D　　12.5　B　　12.6　B

12.7　4,边界,连续　　**12.8**　变形为小变形,材料服从胡克定律。

12.9　增大梁的抗弯刚度、调整跨长、改变结构。

12.10　$\theta_A=\dfrac{3Ml}{2EI}$，　$w_A=-\dfrac{3Ml^2}{4EI}$，　$\theta_C=\dfrac{Ml}{2EI}$，　$w_C=-\dfrac{Ml^2}{4EI}$。

12.11　$w_C=\dfrac{ql^4}{4EI}$

12.12　(a) $w_C=\dfrac{qal^2}{8EI}(l+2a)$，　$\theta_C=\dfrac{ql^2}{8EI}(l+4a)$。

(b) $w_C=\dfrac{qa^4}{6EI}$，　$\theta_C=\dfrac{5qa^3}{24EI}$。

12.13　$w_C=\dfrac{5qa^4}{3EI}$，　$\theta_C=\dfrac{3qa^3}{EI}$。

12.14　(a) $w_A=\dfrac{Fl^3}{6EI}$，　$\theta_B=\dfrac{9Fl^2}{8EI}$。

(b) $w_A=\dfrac{Fa}{6EI}(3b^2+6ab+2a^2)$，　$\theta_B=-\dfrac{Fa}{2EI}(2b+a)$。

12.15　(a)$M_A=\dfrac{3}{16}Fl(\circlearrowleft)$,$F_A=\dfrac{11}{16}F(\uparrow)$,$F_B=\dfrac{5}{16}F(\uparrow)$。

(b)$M_A=\dfrac{ql^2}{16}Fl(\circlearrowleft)$,$F_A=\dfrac{7}{16}ql(\uparrow)$,$F_B=\dfrac{17}{16}ql(\uparrow)$。

13　应力分析

13.1　✓　　**13.2**　×　　**13.3**　✓　　**13.4**　×　　**13.5**　✓　　**13.6**　C

13.7　D，A　　13.8　A　　**13.9**　平行，σ_1，σ_3。　　**13.10**　180，主应力。

13.11　(a) $\sigma_{30^\circ}=40\ \text{MPa}$，　$\tau_{30^\circ}=-17.32\ \text{MPa}$。

(b) $\sigma_{-30^\circ}=-43.3\ \text{MPa}$，　$\tau_{-30^\circ}=-25\ \text{MPa}$。

(c) $\sigma_{45^\circ}=-110\ \text{MPa}$，　$\tau_{45^\circ}=-30\ \text{MPa}$。

(d) $\sigma_{71^\circ}=51\ \text{MPa}$，　$\tau_{71^\circ}=50\ \text{MPa}$。

13.12　(b) $\sigma_1=50\ \text{MPa}$，　$\sigma_2=0$，　$\sigma_3=-50\ \text{MPa}$，　$\tau_{max}=50\ \text{MPa}$。

(c) $\sigma_1=55.4\ \text{MPa}$，　$\sigma_2=0$，　$\sigma_3=-115.4\ \text{MPa}$，　$\tau_{max}=85.4\ \text{MPa}$。

(d) $\sigma_1=100\ \text{MPa}$，　$\sigma_2=0$，　$\sigma_3=0$，　$\tau_{max}=50\ \text{MPa}$。

13.13　$\sigma_1=65\ \text{MPa}$，　$\sigma_2=30\ \text{MPa}$，　$\sigma_3=15\ \text{MPa}$，　$\tau_{max}=25\ \text{MPa}$。

13.14　$M=\dfrac{\pi d^3E\varepsilon_{45^\circ}}{16(1+\mu)}$

13.15 $M=2.05\ \mathrm{kN\cdot m}$

13.16 $\varepsilon_{30^\circ}=110\times10^{-6}$

14 强度理论

14.1 √ **14.2** × **14.3** √

14.4 $\sqrt{\sigma^2+4\tau^2}$， $\sqrt{\sigma^2+3\tau^2}$。

14.5 B

14.6 σ_1、σ_2、σ_{r1}、σ_{r3}，σ_{r4} 皆等于$\dfrac{pD}{4\delta}$。

14.7 $\sigma_{r1}=38.3\ \mathrm{MPa}$,强度无问题。

14.8 $\delta=3.25\ \mathrm{mm}$

15 组合变形

15.1 × **15.2** × **15.3** √ **15.4** √ **15.5** ×

15.6 A **15.7** A **15.8** C

15.9 圆形截面；塑性材料(或塑性屈服破坏材料)。

15.10 最大压应力 $\sigma_{max}=121\ \mathrm{MPa}$,安全。

15.11 $\sigma_{max}=53.95\ \mathrm{MPa}$

15.12 $\delta=2.65\ \mathrm{mm}$

15.13 $F_1\leqslant2.7\ \mathrm{kN}$,$F_2\leqslant5.4\ \mathrm{kN}$。

15.14 $d\geqslant109\ \mathrm{mm}$

16 压杆稳定

16.1 × **16.2** √ **16.3** ×

16.4 长度、支持方式和截面几何性质。

16.5 小,容易。

16.6 $F_{cr}=65.1\ \mathrm{kN}$

16.7 $[F_{cr}]=116\ \mathrm{kN}$,稳定性不符合要求。

16.8 $F_{cr}=505\ \mathrm{kN}$,连杆的设计比较合理。

16.9 $[F]\leqslant14.28\ \mathrm{kN}$